普通高等教育计算机系列教材

大学计算机基础
（Windows 7+Office 2010）实训教程

刘瑞新　张土前　贾新志　主编

U0171843

机械工业出版社

本书主要内容包括计算机基础知识、实训、计算机系统概述实训、Windows 7 操作系统实训、Word 文字编辑软件实训、Excel 电子表格软件实训、PowerPoint 演示文稿软件实训和计算机网络与 Internet 应用基础实训。本书以实训案例为主线，以"提出问题→解决问题"的案例方式让学生通过实训操作来提高用办公软件处理事务的能力。本书图文并茂、内容实用、层次分明、讲解清晰、系统全面。

本书可作为《大学计算机基础（Windows 7+Office 2010）》教材的配套实训，以补充教材实训内容的不足，同时提高计算机应用的操作能力；也可作为其他人员的自学参考用书或培训用书。

本书提供各章实训案例的素材和结果文件，需要的教师可登录 www.cmpedu.com 免费注册、审核通过后下载，或联系编辑索取（微信：15910938545，电话：010-88379753）。

图书在版编目（CIP）数据

大学计算机基础（Windows 7+Office 2010）实训教程 / 刘瑞新，张土前，贾新志主编. —北京：机械工业出版社，2021.1（2021.8 重印）
普通高等教育计算机系列教材
ISBN 978-7-111-63456-0

Ⅰ. ①大…　Ⅱ. ①刘…　②张…　③贾…　Ⅲ. ①Windows 操作系统-高等学校-教材　②办公自动化-应用软件-高等学校-教材　Ⅳ. ①TP316.7 ②TP317.1

中国版本图书馆 CIP 数据核字（2019）第 165585 号

机械工业出版社（北京市百万庄大街 22 号　邮政编码 100037）
策划编辑：胡　静　　责任编辑：胡　静
责任校对：张艳霞　　责任印制：郜　敏
北京盛通商印快线网络科技有限公司印刷

2021 年 8 月第 1 版·第 2 次印刷
184mm×260mm·12.5 印张·309 千字
标准书号：ISBN 978-7-111-63456-0
定价：49.90 元

电话服务　　　　　　　　　　　　网络服务
客服电话：010-88361066　　　　机　工　官　网：www.cmpbook.com
　　　　　010-88379833　　　　机　工　官　博：weibo.com/cmp1952
　　　　　010-68326294　　　　金　书　网：www.golden-book.com
封底无防伪标均为盗版　　　　机工教育服务网：www.cmpedu.com

前　言

本书主要内容包括计算机基础知识实训、计算机系统概述实训、Windows 7 操作系统实训、Word 文字编辑软件实训、Excel 电子表格软件实训、PowerPoint 演示文稿软件实训和计算机网络与 Internet 应用基础实训。本书以实训案例为主线，以"提出问题→解决问题"的案例方式让学生通过实训操作来提高用办公软件处理事务的能力。本书图文并茂、内容实用、层次分明、讲解清晰、系统全面。

本书在编写的主导思想上着重突出"用"，因此在介绍操作方法时，都是通过具体的实例来讲解，实现了一边学习，一边使用的效果。

在教学中可按模块分单元来进行实训，各章具体的实训案例如下。

第 1 章　计算机基础知识实训，包括键盘指法练习、英文录入综合训练等内容。

第 2 章　计算机系统概述实训，包括全拼汉字输入法练习、双拼自然码汉字输入法练习和汉字录入训练等内容。

第 3 章　Windows 7 操作系统实训，包括设置桌面、文件管理和使用控制面板等内容。

第 4 章　Word 文字编辑软件实训，包括制作宣传报、编排毕业论文、批量生成准考证和批量生成点名册等内容。

第 5 章　Excel 电子表格软件实训，包括制作学生成绩表、学生成绩表的统计与分析和成绩等级表图表等内容。

第 6 章　PowerPoint 演示文稿软件实训，包括制作毕业论文答辩演示文稿等内容。

第 7 章　计算机网络与 Internet 应用基础实训，包括接入局域网和接入无线局域网等内容。

本书可作为《大学计算机基础（Windows 7+Office 2010）》教材的配套实训，以补充教材实训内容的不足，同时提高计算机应用的操作能力；也可作为其他人员的自学参考用书或培训用书。

本书由刘瑞新、张土前、贾新志主编，参加编写的作者有刘瑞新（第 1、5 章），张土前（第 2、6 章），张鸣（第 3 章），贾新志（第 4 章），刘庆波、刘继祥、孔繁菊（第 7 章），全书由刘瑞新教授统编定稿。本书在编写过程中得到了许多教师的帮助和支持，也提出了许多宝贵意见和建议，在此表示感谢。

由于编者水平有限，书中难免存在不足和疏漏之处，恳请广大师生批评指正。

编　者

目　录

第1章 计算机基础知识实训

1.1 键盘

在使用计算机时，一般是使用键盘向计算机输入数据和发布指令。在计算机系统中，键盘是必备的标准输入设备，也是操纵计算机的直接操作对象。为了在计算机上熟练地输入数据，并在输入速度、输入质量上得到一定的保证，必须学会使用键盘，并掌握一定的操作指法。

1．键盘键位

计算机键盘是向计算机输入数据的主要设备，它通过电缆线与主机相连。键盘由一组排列成阵列的按键组成。目前，Windows 系统普遍使用 101 键或 104 键的通用扩展键盘，如图 1-1 所示。

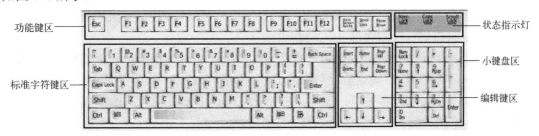

图 1-1　键盘示意图

键盘上键位的排列有一定的规律。其排列按用途可分为标准字符键区、功能键区、编辑键区和小键盘区。

2．标准字符键区

标准字符键区位于键盘偏左的大片区域，是使用键盘的主要区域，这些键包括与传统打字机上相同的字母、数字、标点符号和符号键，还包括〈Shift〉、〈Caps Lock〉、〈Tab〉、〈Enter〉、空格键和〈Backspace〉。各种字母、数字、标点符号及汉字等信息都是通过键的操作输入到计算机。所以这个区域的键也称为输入键。当然，数字及运算符也可以通过小键盘输入。

（1）〈A〉～〈Z〉（字母）键

标准计算机键盘有 26 个字母键。这 26 个键的排列位置是根据其使用频率安排的，使用频率较高的键放在中间，而使用频率较低的键放在两侧，这种安排方式与人们手指的按键灵活性有关。食指、中指的灵活性和力度好，按键速度也相应较快，所以食指和中指负责的字母键都是使用频率最高的。

在字母键位上，默认状态下，按下 A、B、C 等字母键，将输入小写字母。按下 、 等标点符号键，将输入该键的下部分显示的符号。

每个键可输入大小写两种字母，大小写的转换用〈Shift〉键或〈Caps Lock〉键来实现。〈Shift〉键左右各一个，用于大小写字母的临时转换。

（2）数字键与符号键

数字键位于字母键的上方。每个键面上都有上下两种符号，也称双字符键，上面的符号称为上档符号（如@、#、$、%、^、&、*等），下面的符号称为下档符号，包括数字、运算符号（如-、=、\等）。可以通过〈Shift〉键进行转换。

另外，在输入汉字时，数字键还常常用于重码的选择。

（3）〈Shift〉（上档）键

〈Shift〉键位于主键盘区左下角和右下角的倒数第二个位置，两个键的功能相同，无论按哪个，都产生同样的效果。

〈Shift〉键主要用于辅助输入上档字符。在输入上档字符时，先按下〈Shift〉键不放，然后再按下该字符键位。同时按〈Shift〉与其他键将输入在该键的上部分显示的符号。同时按〈Shift〉与某个字母键将输入该字母的大写字母。

例如，如果要输入数字 8，直接按数字键 8 即可；而如果要输入字符*，则需先按下〈Shift〉键，再按下数字键8，这时字符*就出现在文档中了。

又如，如果要输入小写字母 h，一般情况下直接按 h 键即可，而如果要输入大写字母 H，则需先按下〈Shift〉键，再按下字母键h，这时大写字母 H 就出现在文档中了。

（4）〈Caps Lock〉（大写字母锁定）键

默认〈Caps Lock〉键是小写字母，键盘上的"Caps Lock"指示灯不亮。按一次〈Caps Lock〉键（按下后放开），键盘右上角的指示灯"Caps Lock"灯亮，表示目前是在大写状态，随后输入字母 A~Z 均为大写字母。再按一次〈Caps Lock〉键将关闭此功能，右上角相应的指示灯灭，随后输入的内容又还原为小写字母。

按下〈Shift〉键后，同时再按 A~Z 键，则输入的大小写字母与"Caps Lock"灯指示的相反，即"Caps Lock"灯小写字母状态下按〈Shift〉键的同时再按 A~Z 键则输入大写字母。

（5）〈Space〉（空格）键

〈Space〉键位于标准字符键的最下方，是一个空白长条键。当需要输入空白时，可用空白字符代替，每按一下该键，便产生一个空白字符，同时光标向后移动一个空格。

在插入状态下，如果光标上有字，不管是一个还是右边一串，都一起向右移，可以用它来使该行字往右移动。

另外，在输入中文时，如果提示行中出现了多个字或词组，按一个空格键，就表示要选用提示行的第一个字或词组，则该字或词组就输入到文档中了。

（6）〈Backspace〉（退格）键

〈Backspace〉键位于标准字符键的右上角。按下该键一次，屏幕上的光标在现有位置退回一格（一格为一个字符位置），并抹去退回的那一格内容（一个字符），相当于删去刚输入的字符。该键常用于清除输入过程中输错的内容。

（7）〈Enter〉（回车）键

〈Enter〉键位于标准字符键区的右边。一般情况下，当用户向计算机输入命令后，计算机并不马上执行，直到按下〈Enter〉键后才去执行，所以也称为执行键。在输入信息、资料时，按下此键光标将换到下一行开头，所以又称为回车键、换行键。不管是执行，还是换行、回车，口头上统称回车。当说到"回车"时，表示的就是按下〈Enter〉键。

计算机上的任何输入，如发一个命令、输入一个标题或输入文章中的一个自然段等，结束时都需要输入〈Enter〉键，以表明命令行、标题或一个自然段的结束。

在编辑文本时，按〈Enter〉键将光标移动到下一行开始的位置。在对话框中，按〈Enter〉键将选择突出显示的按钮。

（8）〈Tab〉（制表定位）键

按一次〈Tab〉键会使光标向右移动几个空格（一般是 4 个字符）或者下一个制表位。还可以按〈Tab〉键移动到对话框中的下一个对象上。此键又分为上下两档。上档键为左移，下档键为右移（键面上已明确标出）。根据应用程序的不同，制表位的值可能不同。该键常用于需要按制表位置上下纵向对齐的输入。实际操作时，按一次〈Tab〉键，光标向右移到下一个制表位置；按一次〈Shift+Tab〉键，光标向左移到前一个制表位置。

（9）〈Ctrl〉（控制）键

〈Ctrl〉键位于标准字符键区的左下角和右下角，两边各一个，作用相同。控制键主要用于键盘快捷方式，代替鼠标操作，加快工作速度。使用鼠标执行的几乎所有操作或命令都可以使用键盘上的一个或多个键更快地执行。

〈Ctrl〉键单独使用没有任何意义，主要用于与其他键组合在一起操作，起到某种控制作用。这种组合键称为组合控制键。在用文字描述时，两个或多个键之间的加号(+)表示应该一起按这些键。例如，〈Ctrl+A〉表示按下〈Ctrl〉键不松开，然后再按〈A〉键。〈Ctrl+Shift+A〉表示按下〈Ctrl〉键和〈Shift〉键，然后再按〈A〉键。〈Ctrl〉键的操作方法与〈Shift〉键相同，必须按下不放再按其他键。

操作中经常使用的组合键有很多，常用的组合控制键如下。

● 〈Ctrl+S〉：保存当前文件或文档（在大多数程序中有效）。
● 〈Ctrl+C〉：将选定内容复制到剪贴板。
● 〈Ctrl+V〉：将剪贴板中的内容粘贴到当前位置。
● 〈Ctrl+X〉：将选定内容剪切到剪贴板。
● 〈Ctrl+Z〉：撤销上一次的操作。
● 〈Ctrl+A〉：选择文档或窗口中的所有项目。

（10）〈Alt〉（转换）键

〈Alt〉键位于空格键的两边，主要用于组合转换键的定义与操作。该键的操作与〈Shift〉键、〈Ctrl〉键类似，必须按下不放，再按下其他键才起作用，单独使用没有意义。

常用的组合控制键如下。

● 〈Alt+Tab〉：在打开的程序或窗口之间切换。
● 〈Alt+F4〉：关闭活动项目或者退出活动程序。

（11）Windows 徽标键

Windows 徽标键位于空格键两侧。按 Windows 徽标键将打开 Windows 的开始菜单，与单击"开始"菜单按钮相同。组合键 Windows 徽标键〈+F1〉可显示 Windows"帮助和支持"。

（12）应用程序键

应用程序键 相当于用鼠标右击对象，将依据当时光标所处对象的位置，打开不同的快捷菜单。善于使用应用程序键 ，将大大加快操作速度。

3．功能键区

功能键区位于键盘的最上一行，功能键用于执行特定任务，功能键又分为操作功能键和控制功能键。

（1）操作功能键

操作功能键为〈F1〉～〈F12〉。操作功能键区的每一个键位具体表示什么操作都是由应用程序而定，不同的程序可以对它们有不同的操作功能定义。例如，〈F1〉键的功能通常为程序或 Windows 的帮助。

（2）〈Esc〉（退出）键

〈Esc〉键位于键盘左上角第一个位置，〈Esc〉键单独使用，功能是取消当前任务。有时用户输入指令后又觉得不需要执行，按下该键，就可以取消该操作。

（3）三个特殊的控制键〈PrtScn〉、〈Scroll Lock〉和〈Pause/Break〉

这三个特殊的控制功能键排列在键盘的右上角。通过对这些键的操作来产生某种控制作用。

（1）〈PrtScn〉（〈Print Screen〉）键

以前在 DOS 操作系统下，该键用于将当前屏幕的文本发送到打印机。在 Windows 操作系统下，按〈PrtScn〉键将捕获整个屏幕的图像（屏幕快照），并将其复制到内存中的剪贴板。按〈Ctrl+V〉键可以从剪贴板将其粘贴到画图或其他程序。按〈Alt+PrtScn〉键将只捕获活动窗口的图像。

〈SysRq〉键在一些键盘上与〈PrtScn〉键共享一个键。以前，〈SysRq〉设计成一个系统请求，但在 Windows 中未启用该命令。

（2）〈ScrLk〉（〈Scroll Lock〉）键

在大多数程序中按〈ScrLk〉键都不起作用。在少数程序中，按〈ScrLk〉键将更改箭头键、〈Page Up〉和〈Page Down〉键的行为；按这些键将滚动文档，而不会更改光标或选择的位置。键盘可能有一个指示〈Scroll Lock〉键是否处于打开状态的指示灯。

（3）〈Pause/Break〉键

一般不使用该键。在一些旧程序中，按下该键，暂停程序的执行，需要继续往下执行时，可以按任意一个字符键。

4．编辑键区

编辑键主要是指在整个屏幕范围内，进行光标的移动操作和有关的编辑操作等。

（1）光标移动操作键

〈↑〉、〈↓〉、〈←〉、〈→〉键：将光标或选择内容沿箭头方向移动一个空格或一行，或者沿箭头方向滚动网页。

〈Home〉键：将光标移动到行首，或者移动到网页顶端。〈Ctrl+Home〉键移动到文档的顶端。

〈End〉键：将光标移动到行末，或者移动到网页底端。〈Ctrl+End〉键移动到文档的底端。

〈PgUp〉键：将光标或页面向上移动一个屏幕，使屏幕到前一个画面，称为向前翻页键。

〈PgDn〉键：将光标或页面向下移动一个屏幕，使屏幕翻到后一个画面，称为向后翻页键。

注意：〈Home〉、〈End〉、〈PgUp〉、〈PgDn〉这 4 个键的操作有时要根据具体软件的定义来使用。

（2）编辑操作

〈Delete〉键：删除光标后面的一个字符或选择的多个文字。一个字符被删除后，光标右侧的所有字符将左移一个字符的位置。例如，在 Windows 中，删除选择的项目，并将其移动到"回收站"。

〈Insert〉键：设置改写或插入状态。在插入状态时，一个字符被插入后，光标右侧的所有字符将右移一个字符的位置；改写状态时，用当前的字符代替光标处原有的字符。

5．小键盘区（数字/全屏幕操作键区）

小键盘区位于键盘的右侧，又叫数字键区，如图 1-2 所示。数字键盘中的字符与其他键盘上的字符有重复，其设置目的是为了快速输入数字 0～9、算术运算符"+"（加）、"-"（减）、"*"（乘）和"/"（除）和小数点。数字键盘排列使用一只手即可迅速输入数字或数学运算符。

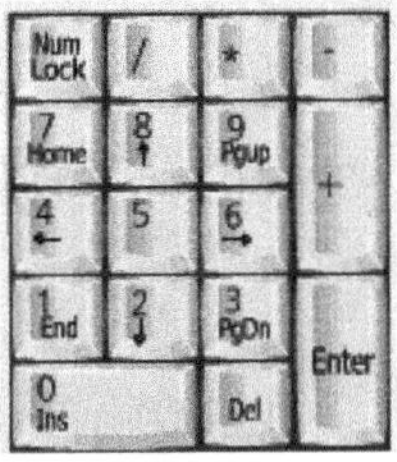

数字键盘中的键多数有上、下档，上档键是数字，下档键具有编辑和光标控制功能，小键盘区的上下档转换是通过数字锁定键〈Num Lock〉来控制的。

当右上角的指示灯"Num Lock"亮时，表示小键盘的输入锁定在数字状态，输入为数字 0～9 和小数点"."等；当需要小键盘输入为全屏幕操作键时，可以按〈Num Lock〉键，即可以看见"Num Lock"指示灯灭，此时表示小键盘已处于全屏幕操作状态，输入为全屏幕操作键。至于运算符号"＋""－""*""/"则不受上、下档转换的影响。

图 1-2　小键盘

6．其他键

一些键盘上带有一些热键或按钮，可以迅速地一键式访问程序、文件或命令。有些键盘还带有音量控制、滚轮、缩放轮和其他小配件。要使用这些键的功能，需要安装该键盘附带的驱动程序。

1.2　键盘的操作

正确使用键盘有助于避免手腕、双手和双臂的不适感与损伤，以及提高输入速度和质量。正确的指法操作还是实现键盘盲打的基础（键盘盲打是指不看键盘也能正确地输入各种字符）。所谓键盘操作指法，就是将打字键区所有用于输入的键位合理地分配给双手各手指，每个手指负责按固定的几个键位，各手指分工明确，有条有理。

1．键盘打字的正确姿势

初学键盘输入时，首先要注意按键的姿势，如果初学时姿势不当，就很难做到准确快速地输入，也容易造成疲劳。

（1）键盘输入的姿势

正确的键盘操作姿势如图 1-3 所示，具体要求如下。

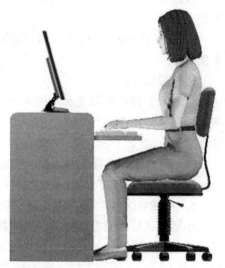

坐姿：平坐且将身体重心置于椅子上，腰背挺直，身体稍偏于键盘右方。身体向前微微倾斜，身体与键盘的距离保持约 20cm。

手臂、肘和手腕的位置：两肩放松，大臂自然下垂，肘与腰部的距离为 5～10cm。小臂与手腕略向上倾斜，手腕切忌向上拱起，手腕与键盘下边框保持1cm 左右的距离。

手指的位置：手掌以手腕为轴略向上抬起，手指略微弯曲并自然下垂轻放在基本键上，左右手拇指轻放在空格键上。

输入时的要求：将位于显示器正前方的键盘右移5cm。书稿稍斜放在键盘的左侧，使视线和字行成平

图 1-3　键盘操作的姿势

行线。打字时，不看键盘，只专注书稿或屏幕。稳、准、快地按键。

（2）键盘输入的注意事项

在键盘输入时，要注意下面几点。

1）身体保持笔直、放松，稍偏于键盘右方，腰背不要弯曲。

2）臀部尽量靠在坐椅后部，双膝平行，两脚平放在地面上，使全身的重心都落在椅子上。

3）两肘轻松地靠在身体两侧，手腕平直，双手手指自然弯曲，轻放在规定的基本键位上。人与键盘的距离，可移动椅子或键盘的位置来调节，以人能保持正确的按键姿势为好。

4）显示器放在键盘的正后方，输入原稿的前面，先将键盘右移 5cm，再将原稿紧靠键盘左侧放置，方便阅读。

2．键盘指法

键盘上的基准键位与手指的对应关系，如图 1-4 所示。

图1-4　键盘指法分区图

（1）基准键位

基准键位是第 3 排的 8 个键位，左边的 A、S、D、F，右边的 J、K、L 及符号"；"，其中 F、J 两个键上都有一个凸起的小棱杠，作用是便于盲打时手指能通过触觉定位。

左右手的各手指必须按要求放在所规定的按键上。键盘的指法分区如图 1-4 所示，凡两

斜线范围内的字键，都必须由规定的同一手指管理。按照这样的划分，整个键盘的手指分工就一清二楚了。按任何键，只需把手指从基本键位移到相应的键上，正确输入后，手指必须返回到相应的基准键位上。

关于上档字符的操作指法：若输入左手管辖的上档字符，则由右手小指按下〈Shift〉键，用左手规定的手指按下相应的上档字符；若输入右手管辖的上档字符，则由左手小指按下〈Shift〉键，用右手规定的手指按下相应的上档字符。

（2）按键的注意事项

按键的注意事项如下。

1）手腕要平直，手臂要保持静止，全部动作仅限于手指部分（上身其他部位不得接触工作台或键盘）。

2）手指要保持弯曲，稍微拱起，指尖后的第一关节微成弧形，分别轻轻放在键的中央。

3）输入时，手抬起，只有要按键的手指才可伸出按键。按下后要立即缩回，不可用触摸手法，也不可停留在已按下的按键上（除 8 个基准键外）。

4）输入过程中，要用相同的节拍轻轻地按键，不可用力过猛。

（3）〈Space〉键指法

右手从基准键上迅速垂直上抬 1～2cm，大拇指横着向下按下并立即回归，每按一次输入一个空格。

（4）〈Enter〉键指法

需要换行时，用右手小指按下〈Enter〉键，按下后右手立即退回到原基准键位，在手回归过程中小指弯曲，以免把分号";"带入。

1.3 键盘指法练习

指法练习主要是根据键盘上的字符键，以基准键为中心，从易到难分为若干组，每组一小节依次介绍。指法训练其实就是熟悉键位的过程。其目的就是以基准键为中心，十指分工，包指到键，各负其责，准确而迅速地按下每个键。

【实训1-1】 基准键（〈A〉、〈S〉、〈D〉、〈F〉、〈J〉、〈K〉、〈L〉和〈;〉键）。

在键盘中，〈A〉、〈S〉、〈D〉、〈F〉、〈J〉、〈K〉、〈L〉和〈;〉这 8 个键称为基准键位，如图 1-5 所示。

图 1-5 基准键位

基本键位是左右手指的固定位置，练习时，应按规定把手指分布在基准键上，有规律地练习每个手指的指法和键盘感。其中〈F〉和〈J〉键上有突起，将两手食指固定在其上，大拇指放在空格键上。初练时，每个指头连按三次指下的基本键位。每次换手按下一个键位前，用右手拇指按下一次空格键位，再换手指按下一个基本键位。

输入 8 个基准键上的字符，要注意以下 3 个方面。

1）在练习过程中，始终要保持正确的姿势。

2）手指必须按规定位置放置，在非按键时刻，手的重力都分散于指下基准键上；按键时只用一个手指按键；练习过程中，禁止看键盘。

3）由于所有键位都是用与基准键的相对位置来记忆的，每按一键后，立即回到基准键以便继续输入。这种方法要贯穿于键盘操作的始终。

练一练：

```
    fff    fff    fff    jjj    jjj    jjj    ddd    ddd    ddd    kkk    kkk    kkk    sss    sss    sss
lll    lll    lll    aaa    aaa    aaa    ;;;    ;;;    ;;;    sdf    sad    dsa    dsa    jlk    jlk    klj    lk
ass    add    all    all    dad    das    sdf    ask    ask    fall    sak    dlk    lad    lad    lss    las
sls    lsl    sls    ad    sad    fla    fasd    kjlk    l;kds    asda    sdfd    klj;    kljj    aksd    al;sf
aasd    lj;s    asfd    ;lkj    jkl;    asfd    ;lkj    skdl    a;sl    afdk    lasd    jl;a    asd;k    ;sdf
```

【实训 1-2】〈G〉、〈H〉键的训练。

〈G〉和〈H〉两键位于 8 个基准键的中央，如图 1-6 所示。

图 1-6 〈G〉、〈H〉键

根据键盘分区的规则，〈G〉键由左手食指管制，〈H〉键由右手食指管制。

输入〈G〉键时，抬左手用原来按〈F〉键的食指向右伸一个键位的距离按〈G〉键，按完后立即缩回。

输入〈H〉时，用原来按〈J〉键的右手食指向左伸一个键位的距离按〈H〉键，按完后立即缩回。

练一练：

```
    hghg    hggj    fgfg    fgfg    fghg    gjgj    gjgj    jhjh    jh    fgf    fgf    fgf    jhj
jhj    jhj    fgh    fgh    fgh    jhg    jhg    had    had    glad    glad    sdf    ga    hjkls    lkjha
lkjhg    kjhgf    daslk    hjk    sa    hj    kla    kjlas    lkjgh    kjhfg    jghds    fhjg    hgj    fjh
fhjg    fhjg    jfhj    gfhg    fhg    hgjg    gjj    gff    ffg    ggj    fj    fjjj    jf    hg    fj
```

【实训 1-3】〈E〉、〈R〉、〈T〉、〈Y〉、〈U〉和〈I〉键的训练。

〈E〉、〈R〉、〈T〉、〈Y〉、〈U〉和〈I〉键的位置如图 1-7 所示。

图 1-7 〈E〉、〈R〉、〈T〉、〈Y〉、〈U〉和〈I〉键

〈E〉、〈I〉两键的键位在第 3 排，根据键盘分区规则，输入 E 字符应由原来按〈D〉键的左手中指去按〈E〉键。其指法是，左手竖直抬高 1～2cm，中指向前（微偏左方）伸出按〈E〉键。同样，输入 I 字符时，由原来按〈K〉键的右手中指用与左手同样的动作按〈I〉键。

〈R〉、〈T〉、〈U〉、〈Y〉这 4 个键分布于键盘的基准键位的上端。

输入 R 时，用原来按〈F〉键的左手食指向前（微偏左）伸出按〈R〉键，按下后立即缩回，放在基准键上。若该手指向前（微偏右）伸，就可按〈T〉键，输入 T。

输入 U 时，用原来按〈J〉键的右手食指向前（微偏左）按〈U〉键，按下后立即缩回，放在基准键上。

输入 Y 时，右手食指要向〈U〉键的左方移动一个键位的距离。〈Y〉键是 26 个英文字母中两个按键难度较大的按键之一，要反复多次练习。

练一练：

> aii eii iie el iaa aai ill ill eiei aiai fiei adfis afis aidi her
> it it is fed fed fed ill ill ill lid lid lid ask ask ask sail sail
> sail; kill kill kill; jail jail jail file file file; jade jade jade; desk desk
> desk desk at a future date; the judge is just; at least a year use
> the regular rate rest a little after that date a safe ride free the

【实训 1-4】〈Q〉、〈W〉、〈O〉、〈P〉、〈V〉、〈B〉、〈N〉和〈M〉键的训练。

〈Q〉、〈W〉、〈O〉、〈P〉、〈V〉、〈B〉、〈N〉和〈M〉键的位置如图 1-8 所示。

图 1-8 〈Q〉、〈W〉、〈O〉、〈P〉、〈V〉、〈B〉、〈N〉和〈M〉键

〈Q〉、〈W〉、〈O〉、〈P〉、〈V〉、〈B〉、〈N〉和〈M〉键这 8 个键位的输入，有一定的难度，准确性不易把握好，应反复练习才能达到准、快。

（1）〈Q〉、〈W〉、〈O〉和〈P〉键的训练

〈Q〉、〈W〉、〈O〉和〈P〉键位于键盘的左上部和右上部。

输入 W 时，抬左手，用原来按〈S〉键的无名指向前（微偏左）伸出按〈W〉键；输入 Q 时，改用小指按〈Q〉键即可。

输入 O 时，抬右手，用原来按〈L〉键的无名指向前（微偏左）伸出按〈O〉键；输入 P 时，改用小指按〈P〉键即可。

注意：小指按键准确度差，回归基准键时容易发生错误。

练一练：

```
    wwp   ppw   oow   opq   ieop  ow   qo   pq   qe   ytp   qp   qqp   tpp   tqq
pqp   qqp   qwp   qqw   wwp   ppw   oow   opq   oww   poow   opw   owo   owe
owe   we   op   wee   qwp   pqe   qe   ytp   qp   qqp   opq   ieop  wwp   ppw
qwp
```

（2）〈V〉、〈B〉、〈N〉和〈M〉键的训练

〈V〉、〈B〉、〈N〉和〈M〉键位于标准键的下面一排偏右，按指法分区，分别属于两手的食指管制。

输入 V 时，用原来按〈F〉键的左手食指向内（微偏右）屈伸按〈V〉键；输入 B 时，左手食指比输入 V 时向右移一键位的距离，按〈B〉键。

输入 M 时，用右手原来按〈J〉键的右手食指向内（微偏右）屈伸按〈M〉键。输入 N 时，右手食指向内（微偏左）屈伸按〈N〉键。

注意：与〈Y〉键一样，〈B〉键较难按准，按下后向基准键回归也较难控制，因此，在做练习之前，应先熟悉键位。

练一练：

```
    bnb   fvb   fvv   fbb   vbv   bvb   nmb   nmv   vbb   bvv   fnm   jmn   bnd
nmu   inn   bvn   bni   vnp   vnvn  bnm   nhn   ffb   fnn   jnn   mnb   nub   nnm
vbn   nvb   nnm   base  need  best  nine  bear  able  rain  mine  mean  abut
maid  turn  dind  land  bile  train under balck until bring brush gabit
```

【实训 1-5】〈Z〉、〈X〉和〈C〉键的训练。

〈Z〉、〈X〉和〈C〉键如图 1-9 所示，这 3 个键的位置位于标准键下面一排偏左。这 3 个键是操作中极易按错的键位，需反复练习。

图 1-9 〈Z〉、〈X〉、〈C〉键

输入 C 时，用原来按〈D〉键的左手中指向手心方向（微偏右）屈伸按〈C〉键。

输入 X 和 Z 时的手法、方向和距离与输入 C 时相同。其差别是：输入 X 用左手无名指按〈X〉键；输入 Z 时，用左手小指按〈Z〉键。

练一练：

> zzx　ccx　dkz　aaz　czc　xkc　zks　zck　zcc　zkl　zka　xll　zuu　xss
> xxz　cde　xft　abcd　efg　hijk　lmn　opq　rst　uvw　xyz　abcd　efg　hijk
> lmn　opq　rst　uvw　xyz　abc　defg　hijk　lmn　opq　rst　uvw　xyz　in
> the　end　we　will　conserve　only　zzx　ccx　abcd　efg　rst　uvw　opq

【实训 1-6】 符号键的训练。

键盘上还有一些符号，如+、-、*、/、（、）、#、$、!、%、&等，这些字符的输入也必须按照它们各自的分区，用相应的手指按照规则按键输入，只要熟悉了字母键和符号的按键方法，符号的输入也就很简单了。

在输入运算符及其他符号时，应注意符号类型及分布，同时还要注意〈Shift〉键的使用。

（1）符号类型及分布

对不同的机型，其符号类型和分布也略有差异，所需符号所处的键位不同，所使用的手指和指法也应做相应改变。

（2）〈Shift〉键的使用

在输入符号时，需用〈Shift〉键适当配合，该键由小指控制。

要输入由右手管制的符号时，就要先用左手小指按左边〈Shift〉键，再用右手手指按相应的符号键，按下后两手缩回；要输入由左手管制的符号时，则需右手小指按〈Shift〉键，再由左手手指按相应的符号键。

练一练：

> @@　@@　####　####　####　!!!!　$$$$　%%%%　&&&&
> ****　((　((　))　))　=　=　=　+　+　+　+　,　,　,　,　?　?　?　?
> <　<　<　>　>　>　^^　!!!!　~~~~　||||　+_　_　_　_　_　++　HAU　ABCD
> EFGH　IJKL　MN　ZXD　afafFhH　ioqQ　WM　hss　kZUW　abcdEFH
> &@#$^)&%!

【实训 1-7】 数字键的训练。

数字位于键盘上标准键盘区的最上端，如图 1-10 所示。

图 1-10　数字键

由键盘分区各手指的分管范围可知，左起各手指与各数字键之间的排列除左手食指分管4、5；右手食指分管6、7各两个数字键外，其余依次呈一一对应关系。

按数字键的指法，按照不同的使用场合分为两种。

（1）直接按键输入

该方法用于某段程序中的纯数字输入和由纯数字编码的汉字的输入。在输入时，两手手指可直接放在数字键上，按键方式就和按基准键的手法一样。输入数字 5、6 时，也和输入英文字母〈G〉、〈H〉两键的指法相同。

（2）普通按键输入

在计算机键盘输入中，原稿如果是数字、字母相间的场合，必须掌握基础练习中一贯采用的从基准键出发，按键后再返回基准键上的方法。然后，按键盘分区的手指管制范围，遇到数字时，手指伸向第4排数字键按下即可。

练一练：

1111	1111	2222	2222	3333	3333	4444	4444	5555	5555	6666	6666
7777	7777	8888	8888	9999	9999	0000	0000	0123456789	1238	244
1475	1831	1712	1514	1049	8750	6654	3479	0098	1257	8701	391
921;	238	1475	1831	1712	1514	1049	8750	a1a1	s2s2	d3d3	f4f4
g5g5	h6h6	j7j7	k8k8	l9l9	;0;0	111a	222s	333d	444f	555g	6h	k8

【实训1-8】 小键盘的训练。

使用小键盘时，把中指放到数字 5 上，把食指放到数字 4 上，然后无名指放到数字 6 上，分别负责该数字纵向的所有按键。拇指放到数字 0 上，小指负责〈+〉、〈-〉和〈Enter〉键，如图 1-11 所示。

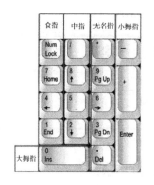 

图 1-11 小键盘指位图

1.4 英文录入综合训练

【实训1-9】 英文练习短文一。

在 Windows 中打开记事本或写字板，按照正确指法输入下面的英文短文，以巩固指法。该短文可反复练习，以提高输入速度和准确率。

Charles Dickens's Life

Charles Dickens, one of the greatest English writers, was born in 1812, in one of the small towns in England.

When Charles Dickens was nine years old, the family moved to London, the capital of England. There were several young children in the family. Their life was hard, so Dickens couldn't go to school.

Only until his father was out of prison, could Dickens go to school. At that time he was already 12 years old. But he didn't finish school. Two years later he began to work. The future writer often went to the library to read books. He read a lot. Then Dickens wrote lots of novels all his life. Dickens died over a hundred years ago. Now people are still reading his books with great interest.

【实训 1-10】 英文练习短文二。

按照正确指法输入下面的英文短文,以巩固指法。注意记录每次输入的速度和准确率。

How to Write

Start anywhere, quickly. You needn't begin at the beginning. If the first sentence is hard to write, begin with the first thought that comes to your mind. Or begin with a good example from your experience. Use that to get you going; then come back to rewrite your beginning after you have known what you want to say.

Write the easiest part first. Starting a piece of writing by working on the hardest part first is a sure way to make you hate writing. Take the easy way in. If you don't know how to express what you want to say, write down more examples. If you can't think of examples, go back to think of something else.

Keep moving. Once you begin to write, write as fast as you can — when you are writing with a pencil or hitting the keys of a typewriter or computer. Reread if you need to, but then go on.

Stop when you know what comes next. When you do have to stop for the day, stop at a place where you known what comes next. Stop in the middle of something you know how to finish. Make a few notes about what you need to do next.

Set practical goals for yourself. Don't aim for the stars; just work on a sentence. Don't measure yourself against some great writers; compare what you write with you have written before.

Congratulate yourself on the writing you do. Writing is hard to work; you are using words to create ideas and meanings. Remember: I think I did very well, because I started out with nothing but a piece of blank paper.

【实训 1-11】 英文练习短文三。

输入下面的英文(可反复练习)。

At the conclusion of this last political election (ending with my beloved country being more divided than ever), a friend wrote me a letter sharing her fears and concerns for the future. She ended it with this sentence: "We live in troubling times." I couldn't help but agree with her, but the more I thought about it the more I realized that these current times aren't the only troubling times that mankind has lived through.

Ancient times were troubling times when crops could fail and half of all children died before the age of five. The first Christians lived in troubling times where they were persecuted, tortured, and even killed for their beliefs.

It is clear then that we do live in troubling times and that we always have lived in troubling times. The question is how are we going to live in them. Are we going to feed them with our fear or lessen them with our love? Are we going to grow apart in hatred or come together in kindness? Are we going to continue to go from war to war or are we finally going to bring lasting peace to this planet? Are we going to grab for ourselves or are we going to give to others? Are we going to be selfish or are we going to save the world? The choice is ours. I think we all know, however, which choice our Heavenly Father wants us to make. May we all then make our troubling times less troubled by living our lives in love, joy, goodness, kindness, and oneness with God.

1.5　习题与解答

1．下面的说法不正确的是（　C　）。

　　A．计算机是一种能快速和高效完成信息处理的数字化电子设备，它能按照人们编写的程序对原始输入数据进行加工处理

　　B．计算机能自动完成信息处理

　　C．计算器也是一种小型计算机

　　D．虽然说计算机的作用很大，但是计算机并不是万能的

2．电子计算机的发展已经历了四代，四代计算机的主要元器件分别是（　B　）。

　　A．电子管、晶体管、集成电路、激光器件

　　B．电子管、晶体管、集成电路、大规模集成电路

　　C．晶体管、集成电路、激光器件、光介质

　　D．电子管、数码管、集成电路、激光器件

3．在冯·诺伊曼结构的计算机中引进了两个重要的概念，它们是（　B　）。

　　A．引入 CPU 和内存储器的概念　　　　B．采用二进制和存储程序的概念

　　C．机器语言和十六进制　　　　　　　　D．ASCII 编码和指令系统

4．计算机最主要的工作特点是（　A　）。

　　A．存储程序与自动控制　　　　　　　　B．高速度与高精度

　　C．可靠性与可用性　　　　　　　　　　D．有记忆能力

5．计算机中所有信息的存储都采用（　D　）。

　　A．十进制　　　　　B．十六进制　　　　C．ASCII 码　　　　D．二进制

6．现在电子计算机发展的各个阶段的区分标志是（　A　）。

　　A．元器件的发展水平　　　　　　　　　B．计算机的运算速度

　　C．软件的发展水平　　　　　　　　　　D．操作系统的更新换代

7．办公自动化（OA）是计算机的一项应用，按计算机应用的分类，它属于（　D　）。

　　A．科学计算　　　　B．辅助设计　　　　C．实时控制　　　　D．数据处理

8. 计算机的最早应用领域是（ D ）。

    A. 辅助工程　　　B. 过程控制　　　　C. 数据处理　　　　D. 数值计算

9. 英文缩写 CAD 的中文意思是（ A ）。

    A. 计算机辅助设计　　　　　　　　B. 计算机辅助制造

    C. 计算机辅助教学　　　　　　　　D. 计算机辅助管理

10. 目前各部门广泛使用的人事档案管理、财务管理等软件，按计算机应用分类，应属于（ D ）。

    A. 实时控制　　　B. 科学计算　　　　C. 计算机辅助工程　　D. 数据处理

11. 用计算机进行资料检索工作是属于计算机应用中的（ B ）。

    A. 科学计算　　　B. 数据处理　　　　C. 实时控制　　　　D. 人工智能

12. 任何进位计数制都有的两要素是（ C ）。

    A. 整数和小数　　　　　　　　　　B. 定点数和浮点数

    C. 数码的个数和进位基数　　　　　D. 阶码和尾码

13. 将十进制数 97 转换成无符号二进制数等于（ B ）。

    A. 1011111　　　B. 1100001　　　　C. 1101111　　　　D. 1100011

14. 与十六进制 AB 等值的十进制数等于（ A ）。

    A. 171　　　　　B. 173　　　　　　C. 175　　　　　　D. 177

15. 下列各进制的整数中，值最大的是（ C ）。

    A. 十进制数 10　B. 八进制数 10　　C. 十六进制数 10　D. 二进制数 10

16. 与二进制数 101101 等值的十六进制数是（ C ）。

    A. 1D　　　　　B. 2C　　　　　　C. 2D　　　　　　D. 2E

17. 若在一个非零无符号二进制整数右边加两个零形成一个新的数，则新数的值是原数值的（ A ）。

    A. 四倍　　　　　B. 二倍　　　　　　C. 四分之一　　　　D. 二分之一

18. 16 个二进制位可表示整数的范围是（ D ）。

    A. 0～65535　　　　　　　　　　　B. -32768～32767

    C. -32768～32768　　　　　　　　 D. -32767～32767 或 0～65535

19. 大写字母 "B" 的 ASCII 码值是（ B ）。

    A. 65　　　　　　B. 66　　　　　　C. 41H　　　　　　D. 97

20. 国际通用的 ASCII 码的码长是（ A ）。

    A. 7　　　　　　 B. 8　　　　　　　C. 10　　　　　　　D. 16

21. 汉字国标码（GB2312-80）规定，每个汉字用（ B ）。

    A. 一个字节表示　　　　　　　　　B. 二个字节表示

    C. 三个字节表示　　　　　　　　　D. 四个字节表示

22. 汉字在计算机内部的传输、处理和存储都使用汉字的（ C ）。

    A. 字形码　　　　B. 输入码　　　　 D. 机内码　　　　　D. 国标码

23. 存储 24×24 点阵的一个汉字信息，需要的字节数是（ B ）。

    A. 48　　　　　　B. 72　　　　　　C. 144　　　　　　D. 192

24. 下列描述中不正确的是（ B ）。

A．多媒体技术最主要的两个特点是集成性和交互性

B．所有计算机的字长都是固定不变的，都是 8 位

C．计算机的存储容量是计算机的性能指标之一

D．各种高级语言的编译系统都属于系统软件

25．多媒体处理的是（　D　）。

A．模拟信号　　　　B．音频信号　　　　　C．视频信号　　　　　D．数字信号

26．下列叙述与计算机安全相关的是（　D　）。

A．设置 8 位以上的密码且定期更换

B．购买安装正版的反病毒软件且病毒库及时更新

C．为所使用的计算机安装设置防火墙

D．上述选项全部都是

27．下列关于计算机病毒的 4 条叙述中，有错误的一条是（　A　）。

A．计算机病毒是一个标记或一个命令　　B．计算机病毒是人为制造的一种程序

C．计算机病毒是一种通过磁盘、网络等媒介传播、扩散，并能传染其他程序的程序

D．计算机病毒是能够实现自身复制，并借助一定的媒体存在的具有潜伏性、传染性和破坏性的程序

28．按 16×16 点阵存放国标 GB2312-80 中一级汉字（共 3755 个）的汉字库，大约需占存储空间（　D　）。

A．1MB　　　　　B．512KB　　　　　C．256KB　　　　　D．128KB

29．在存储一个汉字内码的两个字节中，每个字节的最高位是（　A　）。

A．1 和 1　　　　B．1 和 0　　　　　C．0 和 1　　　　　D．0 和 0

30．十进制数 0.6531 转换为二进制数为（　C　）。

A．0.100101　　　B．0.100001　　　　C．0.101001　　　　D．0.011001

31．在进位计数制中，当某一位的值达到某个固定量时，就要向高位产生进位。这个固定量就是该种进位计数制的（　D　）。

A．阶码　　　　　B．尾数　　　　　　C．原码　　　　　　D．基数

32．与十进制数 291 等值的十六进制数为（　A　）。

A．123　　　　　B．213　　　　　　C．231　　　　　　D．132

33．调制解调器（Modem）的作用是（　C　）。

A．将计算机的数字信号转换成模拟信号，以便发送

B．将模拟信号转换成计算机的数字信号，以便接收

C．将计算机数字信号与模拟信号互相转换，以便传输

D．为了上网与接电话两不误

34．下列叙述中，哪一条是正确的（　A　）。

A．反病毒软件通常是滞后于计算机新病毒的出现

B．反病毒软件总是超前于病毒的出现，它可以查、杀任何种类的病毒

C．感染过计算机病毒的计算机具有对该病毒的免疫性

D．计算机病毒会危害计算机用户的健康

35．在计算机中采用二进制，是因为（　D　）。

A．可降低硬件成本　　　　　　　B．两个状态的系统具有稳定性

C．二进制的运算法则简单　　　　D．上述三个原因

36．下列字符中，ASCII 码值最小的是（　B　）。

A．a　　　　　　B．A　　　　　　C．x　　　　　　D．Y

37．下列 4 个不同数制表示的数中，数值最大的是（　A　）。

A．二进制数 11011101　　　　　　B．八进制数 334

C．十进制数 219　　　　　　　　　D．十六进制数 DA

38．存储 400 个 24×24 点阵汉字字形所需的存储容量是（　D　）。

A．255KB　　　　B．75KB　　　　C．37.5KB　　　D．28.125KB

39．执行下列二进制算术加运算 11001001+00100111 其运算结果是（　B　）。

A．11101111　　　B．11110000　　　C．00000001　　D．10100010

40．二进制数 1111101011011 转换成十六进制数是（　A　）。

A．1F5B　　　　　B．D7SD　　　　C．2FH3　　　　D．2AFH

41．十六进制数 CDH 对应的十进制数是（　B　）。

A．204　　　　　　B．205　　　　　C．206　　　　　D．203

42．7 位 ASCII 码共有多少个不同的编码值（　D　）。

A．126　　　　　　B．124　　　　　C．127　　　　　　D．128

43．电子计算机的发展按其所采用的逻辑器件可分为几个阶段（　C　）。

A．2 个　　　　　　B．3 个　　　　　C．4 个　　　　　D．5 个

第 2 章　计算机系统概述实训

2.1　汉字输入法概述

输入法软件几乎是每一位中国人使用计算机时都会用到的软件。中文输入法，又称为汉字输入法，是指为了将汉字输入计算机或手机等电子设备而采用的编码方法，是中文信息处理的重要技术。中文输入法从 1980 年发展起来，经历了 3 个阶段：单字输入、词语输入和整句输入。汉字输入法编码可分为音码、形码、音形码、形音码和无理码等。

中文输入法是一种汉字编码方法，广泛使用的中文输入法有拼音输入法、自然码输入法、二笔输入法、五笔输入法和郑码输入法等。台湾地区流行的输入法有注音输入法、虾米输入法和仓颉输入法等。

汉字输入法编码只有搭载在输入法软件上才可以在计算机或手机上打出汉字。输入法软件一般默认自带某种汉字编码方式，例如，最流行的拼音编码，即通常所说的拼音输入法。

Windows 系统下常用的中文输入法软件有微软拼音输入法、搜狗拼音输入法、谷歌拼音输入法、QQ 拼音输入法、手心拼音输入法、自然码输入法、搜狗五笔输入法、百度输入法、QQ 五笔输入法和极点中文汉字输入法平台等，这些输入法默认情况下带有拼音输入法等编码方法，有的还可以通过自定义设置从而实现其他多种输入方式，如手写、笔画、二笔和郑码等输入方式。

2.2　切换输入法

下面以 Windows 系统下的搜狗输入法为例来介绍中文输入法。

1．切换输入法

将鼠标指针移动到要输入的地方再单击，使系统进入到输入状态，然后按〈Ctrl+Shift〉键切换输入法，按到拼音输入法出来即可。当系统仅有一种输入法为默认的输入法时，按下〈Ctrl+Space〉键即可切换出搜狗输入法。

由于大多数人只用一种输入法，为了方便、高效起见，可以把自己不用的输入法删除掉，只保留一种自己最常用的输入法即可。可以通过系统的"语言文字栏" CH 🖹 ? 右侧的"设置"选项把不用的输入法删除掉（这里的删除并不是卸载，而是以后还可以通过"添加"选项添加）。

2．翻页选字

搜狗拼音输入法默认的翻页键是 🔲🔲 "逗号"（,）、"句号"（.），即输入拼音后，按句号（.）向后翻页选字，相当于〈PageDown〉键，找到所选的字后，按其相对应的数字键即可输入。推荐使用这两个键翻页，因为使用"逗号""句号"时手不用移开键盘主操作区，效率最高，也不容易出错。

输入法默认的翻页键还有 ⊟⊟ "减号"（-）、"等号"（＝）和 ⊟⊟ "左、右方括号"（[、]），可以通过"设置属性"→"按键"→"翻页键"来设定。

3．切换中英文输入

输入法默认是按下〈Shift〉键就切换到英文输入状态，再按一下〈Shift〉键就会返回中文状态。单击 Windows 状态栏或者搜狗浮动工具栏上面的"中"字图标也可以切换，如图 2-1 所示。

图 2-1　切换中英文输入

除了〈Shift〉键切换以外，搜狗输入法也支持按〈Enter〉键输入英文。在输入较短的英文时使用〈Enter〉键能省去切换到英文状态的麻烦。具体使用方法是：输入英文，直接按〈Enter〉键即可。

2.3　输入法规则——全拼

全拼输入法是拼音输入法中最基本的输入方法。

1．汉语拼音与键盘按键的对应

汉语拼音声母表见表 2-1 和表 2-2。

表 2-1　声母表 1

声母	b	p	m	f	d	t	n	l	g	k	h	j	q	x
键盘对照	B	P	M	F	D	T	N	L	G	K	H	J	Q	X
读音	玻	坡	摸	佛	得	特	呢	勒	哥	科	喝	基	欺	希

表 2-2　声母表 2

声母	zh	ch	sh	r	z	c	s
键盘对照	ZH	CH	SH	R	Z	C	S
读音	知	蚩	诗	日	资	雌	思

汉语韵母表见表 2-3、表 2-4 和表 2-5。其中 V 用来代替 ü。

表 2-3　韵母表 1

韵母	a	o	e	ai	ei	ao	ou	an	en	ang	eng	ong
键盘对照	A	O	E	AI	EI	AO	OU	AN	EN	ANG	ENG	ONG
读音	啊	喔	鹅	哀	诶	凹	欧	安	恩	昂	亨的韵母	轰的韵母

表 2-4　韵母表 2

韵母	i	ia	ie	iao	iou	ian	in	iang	iong
键盘对照	I	IA	IE	IAO	IOU	IAN	IN	IANG	IONG
读音	衣	呀	耶	腰	忧	烟	因	央	雍

表 2-5　韵母表 3

韵母	u	ua	uai	uan	uen	uang	ueng	ü	üe	üan	ün
键盘对照	U	UA	UAI	UAN	UEN	UANG	UENG	V	VE	VAN	VN
读音	乌	蛙	歪	弯	温	汪	翁	迂	约	冤	晕

在输入时，需记住以下几点。

1）ü 用 V 代替，应按〈V〉键。ü 在 j、q、x 和 y 后写作 u，可以用 U 或 V，应按
〈U〉或〈V〉键。

2）汉语拼音有一些缩写形式，在输入时应恢复成完整形式。如 ui 是 uei 的缩写，应按
〈UEI〉键；un 是 uen 的缩写，应按〈UEN〉键。

2. 全拼输入

首先在搜狗输入法的"属性设置"对话框中选定"全拼"，并选中"首字母简拼"复选
框，如图 2-2 所示。选中"首字母简拼"，可以实现简拼和全拼的混合输入。

图 2-2　设置输入法

只要按〈Ctrl+Shift〉键切换到搜狗输入法，在输入窗口输入拼音即可。然后依次选择需
要的字或词。可以用默认的翻页键 □□ "逗号"（,）、"句号"（.）来翻页。

全拼是输入完整的拼音序列来输入汉字，例如，要输入"计算机系统概述"可以输入
"jisuanjixitonggaishu"，如图 2-3 所示。

图 2-3　全拼输入

搜狗输入法的输入窗口很简洁，上面的一排是所输入的拼音，下一排就是候选字，输入所需的候选字对应的数字，即可输入该词。第一个词默认是红色的，直接按〈Space〉键即可输入第一个词。

2.4 输入法规则——简拼

简拼是通过输入声母或声母的首字母来输入的一种方式。有效地利用简拼，可以大大地提高输入的效率。搜狗输入法现在支持的是声母简拼和声母的首字母简拼。例如，想输入"计算机"，只要输入"jsj"，如图 2-4 所示。

图 2-4　声母简拼

同时，搜狗输入法支持简拼全拼的混合输入。例如，想输入"输入法"，输入"srf""sruf""shrfa"都是可以的。

注意：声母的首字母简拼的作用和模糊音中的"z，s，c"相同。但是，这属于两回事，即使没有选择设置里的模糊音，同样可以用"zly"输入"张靓颖"。

有效地使用声母首字母简拼可以提高输入效率，减少误打，例如，输入"正常范围"这几个字，如果输入传统的声母简拼，只能输入"zhchfw"，需要输入的多而且多个 h 容易造成误打，而输入声母的首字母简拼"zcfw"能很快得到想要的词，如图 2-5 所示。

图 2-5　声母简拼

还有，简拼由于候选词过多，可以采用简拼和全拼混用的模式，这样能够兼顾最少输入字母和输入效率。例如，想输入"指示精神"，输入"zhishijs""zsjingshen""zsjingsh""zsjings"都是可以的，如图 2-6 所示。打字熟练的人会经常使用全拼和简拼混用的方式。

图 2-6　全拼和简拼混用

2.5 输入法规则——英文的输入

除了按〈Shift〉键切换外，搜狗输入法也支持按〈Enter〉键输入英文。在输入较短的英文时使用〈Enter〉键能省去切换到英文状态下的麻烦。具体使用方法是输入英文之后,直接按〈Enter〉键即可。

例如,输入"computer",然后按〈Enter〉键,则输入的英文进入编辑区,如图 2-7 所示。

图 2-7 输入英文

2.6 输入法规则——双拼

全拼输入法不用专门记忆规则,几乎不用专门学习,就可以实现中文的输入。但是,由于中文的同音字太多,就会造成输入效率低下。学会双拼输入法,可以实现高效录入汉字,强烈建议同学们学会一种双拼输入法。

1. 双拼的原理

双拼是用定义好的单字母代替较长的多字母韵母或声母来进行输入的一种方式。例如,如果 T=t,W=ian,输入两个字母"TW"就会输入拼音"tian"。使用双拼可以减少按键次数,但是需要记忆字母对应的键位,熟练之后效率会有一定提高。

平常所使用的全拼输入法,每个字包括声母和韵母,如 liang(声母 l 和韵母 iang)、qiu(声母 q 和韵母 iu)。这样就导致每次输入一个字所需按键盘的次数长短不一,如"啊"只需要按键 1 次,而"双"需要按键 6 次(shuang)。

而双拼把所有的韵母都映射到了键盘上一个特定的键上,使每个字都只需要按键两次就可以打出一个字,通过减少按键次数达到打字更快的目的。

例如,输入一句话"我们是共产主义接班人",全拼需要按键:

    womenshigongchanzhuyijiebanren

而双拼需要按键:

    womfuigsijvuyijxbjrf

【解释:wo 我 mf 们 ui 是 gs 共 ij 产 vu 主 yi 义 jx 接 bj 班 rf 人】

2. 双拼的优点

1)无须下载专门的输入软件。平时所用的搜狗输入法、百度输入法这些软件(包括计算机端和手机端)都自带了多种双拼方案,只需要修改设置中的选项即可。

2)节约时间。需要打字的时候非常多,学会了双拼能有效提高打字速度。

3)学习成本低。相比五笔而言学习成本低,只要全拼输入没问题,都能很快学会双拼输入。

3. 双拼的分类

因为把韵母映射到具体某个字母上的方案有很多,就使得双拼有很多人为定义的方案,常用的包括小鹤双拼、微软双拼、拼音加加、紫光双拼和自然码等。

总的来说,以上方案区别并不大,选择哪一种都可以,推荐自然码方案。

4. 设置为自然码双拼输入法

自然码简单易学、使用方便、输入速度快、功能强大。它是以音为基础、以词为主导、音辅结合、智能相关、自动造词的第三代智能输入法。Windows 自带的双拼、微软双拼、智能双拼和智能狂拼等拼音输入法，在双拼键盘上都和自然码双拼兼容，非常容易转换到自然码。自然码的自然五笔输入法，使五笔输入者如虎添翼；自然码的特殊字符、字词输入、整句输入、快速定位修改和朗读发声（专业版才有）等功能是其他输入法无可比拟的。

1）在搜狗输入法或者 QQ 输入法等第三方输入法的设置中打开属性设置对话框，在"属性设置"对话框中选中"双拼"单选按钮，如图 2-8 所示，再单击"双拼方案设定"按钮。

2）显示"双拼方案设定"对话框，在"当前方案"下拉列表中选择想要使用的双拼方案，如"自然码"，如图 2-9 所示，然后单击"确定"按钮。

图 2-8 设置双拼输入 　　　　　　　　　　图 2-9 双拼方案选择

若设置为自然码双拼方式，则可以在任何一台计算机、手机上录入，大大提高了录入速度。

5. 自然码输入法规则

对照着所选择的方案，在和别人聊天或者进行打字练习时要耐心练几个小时，一开始肯定会不习惯，但是很快就会适应。一般情况下，练习不到一周就能够超过平时全拼时的速度，再多加练习几天就能打字如飞。自然码方案的对照表如图 2-10 所示。

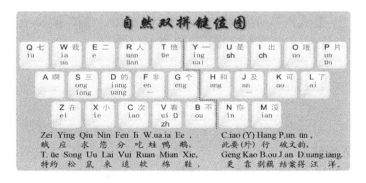

图 2-10 自然码输入法规则

汉语拼音中绝大部分音由声母和韵母两部分组成，少数如"啊""安""哦"等只有韵母。

声母和韵母又可以分为单字母和多字母。除 zh、ch、sh 外，所有的声母都是单字母，除 a、e、i、o、u、v 这 6 个元音外所有的韵母都是多字母。

所以，只要将 zh、ch、sh 这 3 个声母用 3 个键表示，将这 6 个元音以外的所有韵母用这 6 个元音以外的键来表示，那么所有的音都能用两个键打出来。声母和韵母都是单字母的（如"大"da）打法和全拼一样，而存在很多声母和韵母为多字母的则应将该声母或韵母用对应按键表示。

例如，在双拼方案下打"窗"这个字，拼音是"chuang"，而声母 ch 在该方案下用 i 表示，韵母 uang 用 d 表示，那么只要输入"id"就等同于在全拼下输入"chuang"。

"声"均指某字发音的声母或第 1 个字母，"韵"均指某字发音的韵母或第 2 个字母。

- 声母：ch=I，sh=U，zh=V。
- 韵母：iu=Q，ia ua=W，e=E，uan üan=R，üe=T，ing uai =Y，uo=O，un ün=P，
  ong iong=S，iang uang =D，en=F，eng=G，ang=H，an=J，ao=K，ai=L，
  ei=Z，ie=X，iao=C，ui ü=V，ou=B，in=N，ian=M。

（1）零声母音节的韵母

对于单韵母字，需要输入双韵母。例如，啊 a 输入 aa，哦 o 输入 oo，额 e 输入 ee，如图 2-11 所示。

（2）双韵母

对于双韵母，输入完整的拼音字母。例如，爱 ai 输入 ai，按 an 输入 an，诶 ei 输入 ei，奥 ao 输入 ao，嗯 en 输入 en，儿 er 输入 er，偶 ou 输入 ou，如图 2-12 所示。

图 2-11　零声母

图 2-12　双韵母

（3）三韵母

对于三韵母，输入韵母的第一个字母+第三个字母的对应按键。例如，昂 ang 输入 ah，如图 2-13 所示。

（4）声母+韵母

对于声母+韵母，输入声母的按键+韵母的按键。例如，"周"输入 vb，"苏"输入 su，"展"输入 vj，"装"输入 vd，"写"输入 xx，如图 2-14 所示。

图 2-13　三韵母

图 2-14　三韵母

6. 自然码输入练习

现在的自然码在输入时既可按字词模式输入，又可采用整句输入的方式，现分别进行介绍。

另外，如果希望汉字输入栏显示的候选字多一些、大一些，可以在搜狗输入法的"外观"选项卡进行设置，如图 2-15 所示。

图 2-15　"外观"选项卡

（1）单字

1）简码字：声+〈Space〉键。

　　例如，我—w+〈Space〉键，的—d+〈Space〉键，想—x+〈Space〉键。

　　一级简码字 26 个：去我额人他应说查哦拼，啊是的法个好就看了，在想才这吧你吗。另外还有二级、三级简码字，在输入声母后分别按翻页键□□或□□，选择其他字。

2）常用字：声+韵。

　　例如：大—da，西—xi，米—mi，黄—hd，送—ss，爱—ai，写—xx，应—yy。

　　输入声母、韵母的完整拼音后，如果需要的字在 1 的位置，按〈Space〉键选定，如图 2-16 所示。

图 2-16　常用字的输入

　　可以按候选字前面的数字选择需要的字，如果当前页没有需要的字，按翻页键到下一页查找。

（2）双字词

　　常用词（无重码词或处于第一位）：声韵声韵（即双拼，重点练习）。

　　例如，学校—xtxc（全拼为 xuexiao），电脑—dmnk（全拼为 diannao），如图 2-17 所示。

图 2-17　双拼输入

不常见词（有重码词且不在第一位），选择词前面的数字，或者按翻页键到下一页查找。

（3）整句输入

比较顺溜的短语或句子：直接拼音，如"计算机系统"则输入 jisrjixits（全拼为jisuanjixitong），如图 2-18 所示。

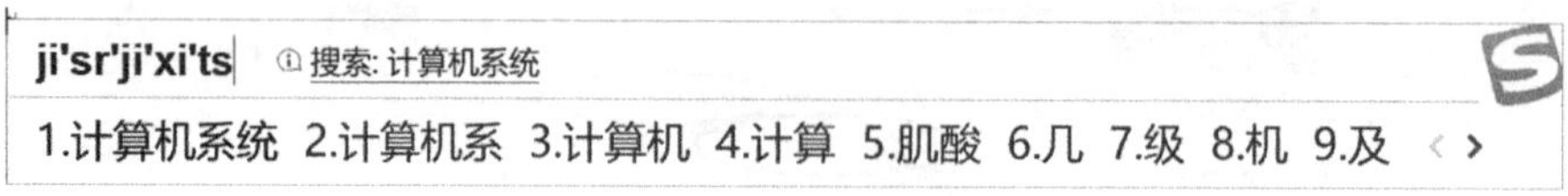

图 2-18　整句输入

（4）四字词：声声声声

例如，星光灿烂—xgcl，快快乐乐—kkll，工商银行—guyh，漂漂亮亮—ppll，如图 2-19所示。

图 2-19　四字词输入

需要说明的是，搜狗输入法中的自然码只实现了基本的双拼输入功能，如果需要更强大的自然码输入，请安装专门的自然码输入法程序。

2.7　汉字录入综合训练

【实训 2-1】汉字练习短文一。

在 Windows 中打开记事本或写字板，按照正确指法输入下面的短文，以巩固指法。该短文可反复练习，以提高输入速度和准确率。

几何之父——欧几里得

我们现在学习的几何学，就是由古希腊数学家欧几里得（公元前 330—前 275 年，此时是中国的战国时期）创立的。他在公元前 300 年编写的《几何原本》，2300 多年来都被看作学习几何的标准课本，所以称欧几里得为几何之父。

在公元前 337 年，马其顿国王菲力二世用武力征服了希腊各城邦。次年亚历山大即位，在很短的时间内，他继承父业，开创了一个横跨欧、亚、非三大陆的马其顿王国。在地中海沿岸的尼罗河三角洲上，亚历山大建立了以他名字命名的城市——亚历山大城，并把它作为这个庞大帝国的文化、商业和工业中心，同时也是科学思想的中心。这儿有称誉世界、拥有70 万卷藏书的图书馆，还有博物馆、天文台和闻名天下的博学园，成为当时欧洲乃至世界数学的中心。欧几里得就是被亚历山大的后继者——托勒密一世重金聘请到博学园的教师。

古希腊的数学研究有着十分悠久的历史，曾经出版过一些几何学著作，但都是讨论某一方面的问题，内容不够系统。欧几里得汇集了前人的成果，采用前所未有的独特编写方式，先提出定义、公理、公设，然后由简到繁地证明了一系列定理，讨论了平面图形和立体图形，还讨论了整数、分数、比例等，终于完成了《几何原本》这部巨著，此书至今还是几何学的权威著作。在欧美国家，《几何原本》是学习数学必读的原著之一。在编写此书时，他一开始就推出一系列令人钦佩的简要而精致的公理和公式。然后他将定理一一排列，其逻辑性非常强，几乎无须改进。

虽然他的这一伟大论著主要涉及几何学，但也提出了比率和比例的问题，以及现在为大家所知的数论问题，正是欧几里得证明了素数是无限的。他还通过一系列干脆利落至今尚未作过任何改进的论证，证明了 2 的平方根是无理数。他还通过将光视为直线，使光学成为几何学的一部分。当然欧几里得并没有概括希腊的全部数学，甚至也没有概括全部几何学。继他之后，希腊数学在相当长时期内，一直生气蓬勃，像阿波洛尼乌斯和阿基米德等人，都为数学增添了一大笔财富。

后来的哥白尼、开普勒、伽利略、牛顿这些卓越的科学人物，统统都接受了欧几里得的传统。他们都认真地学习过欧几里得的《几何原本》，并使之成为他们数学知识的基础。

除《几何原本》外，欧几里得还有不少著作，如《已知数》《图形的分割》《纠错集》《圆锥典线》《曲面轨迹》和《观测天文学》等，可惜大都失传了。不过，经过两千多年的历史考验，影响最大的仍然是《几何原本》。

【实训 2-2】 汉字练习短文二。

古埃及文明

大约两万年前，埃及出现了旧石器时代的原始人类，住在现撒哈拉大沙漠和阿拉伯沙漠地区。

约从公元前 4500 年（至今 6500 年），埃及进入新石器时代或铜石并用时代。根据考古材料，埃及铜石并用文化的典型代表是巴达里文化（约公元前 4500—前 4000 年），涅加达文化 I（约公元前 4000—前 3500 年）和涅加达文化 II（约公元前 3500—前 3100 年）。习惯上把这三种文化称为前王朝文化。

涅加达文化 II 时期出土的陶器、石器等器皿上，出现了具有一定意义的图画文字。文字的发明是涅加达文化 II 时期最大的成就之一，这是埃及进入文明时代的重要标志。涅加达文化 II 后期，埃及出现了最初的国家，具有小国寡民的特点。埃及人自己称这种小国家为斯帕特，希腊人称为诺姆（Nomos），中文译作州。每个州都有自己的政权和军队，各州的首领多出身于氏族长，拥有军事、行政、司法和祭祀权，实即国王。每个州也都有自己的保护神，由原来的部落神转化而来，成为各州的象征。

公元前 2480 年（距今 4500 年）的古埃及，是胡夫王的统治初期。与每个法老一样，上任伊始他就准备建造百年后的坟墓。于是，在每个夏天，皇室成员走遍尼罗河流域，从每个村落中选择身强体健的男子，作为建造大金字塔的劳力，为君王服务。他们被分成 10 万人的大群来工作，每一大群人要劳动 3 个月。这些劳动者中有奴隶，也有许多普通的农民和手工业者。古埃及奴隶是借助畜力和滚木，把巨石运到建筑地点的，他们又将场地四周天然的沙土堆成斜面，把巨石沿着斜面拉上金字塔。就这样，堆一层坡，砌一层石，逐渐加高金字塔。建造胡夫金字塔花了整整 20 年的时间。

2.8 习题与解答

1. 操作系统对磁盘进行读、写操作的物理单位是（ C ）。

    A. 磁道   B. 扇区   C. 字节   D. 文件

2. 一个完整的计算机系统包括（ D ）。

    A. 计算机及其外部设备   B. 主机、键盘、显示器

    C. 系统软件和应用软件   D. 硬件系统和软件系统

3. 组成中央处理器（CPU）的主要部件是（ D ）。

    A. 控制器和内存   B. 运算器和内存   C. 控制器和寄存器   D. 运算器和控制器

4. "64 位机"中的 64 位表示的是一项技术指标，即为（ C ）。

    A. 字节   B. 容量   C. 字长   D. 速度

5. 计算机的内存储器是指（ A ）。

    A. ROM 和 RAM   B. ROM   C. RAM 和 C 磁盘   D. 硬盘和控制器

【解析】 只读存储器（ROM）和随机存储器（RAM）都属于内存储器（内存）。只读存储器（ROM）的特点有以下两点。

① 只能读出（存储器中）原有的内容，而不能修改，即只能读，不能写。

② 断电以后内容不会丢失，加电后会自动恢复，即具有非易失性。

随机存储器（RAM）的特点是读写速度快，最大的不足是断电后，内容立即消失，即具有易失性。

6. 下列各类存储器中，断电后其中信息会丢失的是（ A ）。

    A. RAM   B. ROM   C. 硬盘   D. 光盘

7. 下列选项中不属于总线的是（ B ）。

    A. 数据总线   B. 信息总线   C. 地址总线   D. 控制总线

8. 计算机能够直接识别和执行的语言是（ C ）。

    A. 汇编语言   B. 自然语言   C. 机器语言   D. 高级语言

9. 将高级语言源程序翻译成目标程序，完成这种翻译过程的程序是（ A ）。

    A. 编译程序   B. 编辑程序   C. 解释程序   D. 汇编程序

【解析】 将高级语言源程序翻译成目标程序的软件称为编译程序，这种翻译过程称为编译。

10. 用高级程序设计语言编写的程序称为（ C ）。

    A. 目标程序   B. 可执行程序   C. 源程序   D. 伪代码程序

【解析】 一般用高级语言（包括汇编语言和高级语言）编写的程序称为源程序。

11. 一条计算机指令中规定其执行功能的部分称为（ B ）。

    A. 源地址码   B. 操作码   C. 目标地址码   D. 数据码

12. 内存储器是计算机系统中的记忆设备，它主要用于（ C ）。

    A. 存放数据   B. 存放程序   C. 存放数据和程序   D. 存放地址

【解析】 内存储器也称"主存储器"，简称"内存"，内存储器是计算机系统中的记忆设备，用于存放当前正在执行的程序和数据（包括计算结果和中间结果）。

13．下列叙述中，正确的选项是（　A　）。

　　A．计算机系统由硬件系统和软件系统组成

　　B．程序语言处理系统是常用的应用软件

　　C．CPU 可以直接处理外部存储器中的数据

　　D．汉字的机内码与汉字的国标码是一种代码的两种名称

14．计算机软件系统由（　C　）两部分组成。

　　A．网络软件、应用软件　　　　　　B．操作系统、网络系统

　　C．系统软件、应用软件　　　　　　D．服务器端系统软件、客户端应用软件

【解析】　计算机软件系统通常分为系统软件和应用软件，系统软件有 Windows，DOS；应用软件有 Word，WPS。

15．用高级程序设计语言编写的程序，要转换成等价的可执行程序，必须经过（　D　）。

　　A．汇编　　　　　B．编辑　　　　　C．解释　　　　　D．编译和链接

【解析】用户编写的源程序通过编译成为目标程序，但此程序还不能运行。因为，程序中所使用的标准函数子程序和输入/输出子程序尚未链接入内。因此，还必须经过链接装配，才能成为一个独立的可运行程序。汇编是将用汇编语言编写的程序翻译成目标程序。解释是翻译源程序的方法之一，早期的 Basic 语言采用这种方法，当前各种高级程序设计语言已不采用"解释"方法。"编辑"的概念是对文档进行插入、删除和改写等操作，与源程序的翻译无任何关系。

16．下面哪些属于计算机的低级语言（　B　）。

　　A．机器语言和高级语言　　　　　　B．机器语言和汇编语言

　　C．汇编语言和高级语言　　　　　　D．高级语言和数据库语言

【解析】　机器语言和汇编语言都是低级语言，它们都是面向机器的。

17．计算机硬件能直接识别并执行的语言是（　C　）。

　　A．高级语言　　　B．算法语言　　　C．机器语言　　　D．符号语言

18．计算机中对数据进行加工与处理的部件，通常称为（　A　）。

　　A．运算器　　　　B．控制器　　　　C．显示器　　　　D．存储器

【解析】　运算器是计算机处理数据形成信息的加工厂，主要功能是对二进制数码进行算术运算或逻辑运算。

19．下列不属于微机主要性能指标的是（　C　）。

　　A．字长　　　　B．内存容量　　　C．软件数量　　　D．主频

【解析】　软件数量取决于用户的安装，与计算机性能无关。

20．用户使用计算机高级语言编写的程序，通常称为（　A　）。

　　A．源程序　　　　B．汇编程序　　　C．二进制代码程序　　D．目标程序

21．将计算机分为286，386，486，Pentium，是按照（　A　）。

　　A．CPU 芯片　　　B．结构　　　　C．字长　　　　D．容量

22．硬盘的一个主要性能指标是容量，硬盘容量的计算公式为（　A　）。

　　A．磁道数×面数×扇区数×盘片数×512 字节

　　B．磁道数×面数×扇区数×盘片数×128 字节

C．磁道数×面数×扇区数×盘片数×80×512 字节

D．磁道数×面数×扇区数×盘片数×15×128 字节

23．微型计算机硬件系统中最核心的部件是（　B　）。

A．主板　　　　　B．CPU　　　　　C．内存储器　　　　　D．I/O 设备

24．下列术语中，属于显示器性能指标的是（　C　）。

A．速度　　　　　B．可靠性　　　　　C．分辨率　　　　　D．精度

25．配置高速缓冲存储器（Cache）是为了解决（　C　）。

A．内存与辅助存储器之间速度不匹配问题

B．CPU 与辅助存储器之间速度不匹配问题

C．CPU 与内存储器之间速度不匹配问题

D．主机与外设之间速度不匹配问题

26．为解决某一特定问题而设计的指令序列称为（　C　）。

A．文档　　　　　B．语言　　　　　C．程序　　　　　D．系统

【解析】　程序就是指令序列。

27．在各类计算机操作系统中，分时系统是一种（　D　）。

A．单用户批处理操作系统　　　　　B．多用户批处理操作系统

C．单用户交互式操作系统　　　　　D．多用户交互式操作系统

【解析】　能分时轮流地为各终端用户服务并及时地对用户服务请求予以响应的计算机系统，称为分时系统。分时系统具有同时性、独立性、交互性和及时性等特征。

28．微型计算机外（辅）存储器是指（　C　）。

A．RAM　　　　　B．ROM　　　　　C．磁盘　　　　　D．虚盘

29．目前普遍使用的微型计算机，所采用的逻辑元件是（　B　）。

A．电子管　　　　　　　　　　　B．大规模和超大规模集成电路

C．晶体管　　　　　　　　　　　D．小规模集成电路

【解析】　按照制造电子计算机所采用的逻辑器件将其划分为以下 4 代：第一代计算机（1946—1958）是电子管计算机。第二代计算机（1958—1964）是晶体管计算机。第三代计算机（1965—1970）是集成电路计算机。第四代计算机（自 1971 年至今）是大规模集成电路计算机。

30．下列叙述中，正确的是（　D　）。

A．激光打印机属击打式打印机

B．CAI 软件属于系统软件

C．就存取速度而论，U 盘比硬盘快，硬盘比内存快

D．计算机的运算速度可以用 MIPS 来表示

【解析】　计算机的运算速度通常指每秒所执行加法指令数目，常用百万次/秒（MIPS）表示。

31．计算机网络的主要目标是实现（　C　）。

A．数据处理和网络游戏　　　　　B．文献检索和网上聊天

C．快速通信和资源共享　　　　　D．共享文件和收发邮件

【解析】　计算机网络的主要目标是实现资源共享和信息传输。

32. 微型计算机中使用的数据库属于（ C ）。

    A. 科学计算方面的计算机应用   B. 过程控制方面的计算机应用

    C. 数据处理方面的计算机应用   D. 辅助设计方面的计算机应用

【解析】 数据处理是目前计算机应用最广泛的领域，数据库将大量的数据进行自动化管理，提高了计算机的使用效率。

33. 一条指令必须包括（ A ）。

    A. 操作码和地址码   B. 信息和数据   C. 时间和信息   D. 以上都不是

【解析】 一条指令就是给计算机的命令，必须包括操作码和地址码两部分。操作码指出具体的命令，地址码指出执行正在操作的数据和结果存放的地址。

34. 下列软件中，属于系统软件的是（ B ）

    A. 自编的一个 C 程序，功能是求解一元二次方程

    B. Windows 操作系统

    C. 用汇编语言编写的一个练习程序

    D. 存储有计算机基本输入\输出系统的 ROM 芯片

【解析】 系统软件分为操作系统、语言处理系统、服务程序和数据库系统 4 大类。

35. 在微机中，1MB 准确等于（ B ）。

    A. 1024×1024 个字   B. 1024×1024 个字节

    C. 1000×1000 个字节   D. 1000×1000 个字

36. 操作系统是计算机系统中的（ A ）。

    A. 核心系统软件   B. 关键的硬件部件

    C. 广泛使用的应用软件   D. 外部设备

【解析】 系统软件包括操作系统、语言处理系统、系统性能检测、实用工具软件。

37. 在微机的硬件设备中，既可以做输出设备，又可以做输入设备的是（ D ）。

    A. 绘图仪   B. 扫描仪   C. 手写笔   D. 磁盘驱动器

【解析】 磁盘驱动器既可以输入信息也可以输出信息。

38. 下列叙述中错误的一条是（ A ）。

    A. 内存容量是指微型计算机硬盘所能容纳信息的字节数

    B. 微处理器的主要性能指标是字长和主频

    C. 微型计算机应避免强磁场的干扰

    D. 微型计算机机房湿度不宜过大

【解析】 内存容量是指微型计算机内存储器所能容纳信息的字节数。

39. 将高级语言编写的程序翻译成机器语言程序，采用的两种翻译方式是（ B ）。

    A. 编译和解释   B. 编译和汇编   C. 编译和链接   D. 解释和汇编

40. 用 MIPS 为单位来衡量计算机的性能，它指的是计算机的（ D ）。

    A. 传输速率   B. 存储器容量   C. 字长   D. 运算速度

【解析】 计算机的运算速度通常是指每秒钟所能执行的加法指令数目，常用百万次/秒（Million Instructions Per Second，MIPS）来表示。这个指标更能直观地反映机器的速度。

41. 下面是关于解释程序和编译程序的论述，其中正确的一条是（ C ）。

    A. 编译程序和解释程序均能产生目标程序

B. 编译程序和解释程序均不能产生目标程序

C. 编译程序能产生目标程序而解释程序则不能

D. 编译程序不能产生目标程序而解释程序能

【解析】 高级语言编写的程序通常称为源程序。计算机不能直接执行源程序。用高级语言编写的源程序必须被翻译成二进制代码组成的机器语言后，计算机才能执行。高级语言源程序有编译和解释这两种执行方式。编译程序和解释程序是翻译高级语言源程序的。在解释方式下，源程序由解释程序边"解释"边执行，不生成目标程序；在编译方式下，源程序必须经过编译程序的编译处理来产生相应的目标程序，然后通过链接和装配生成可执行程序。因此，把用高级语言编写的源程序变为目标程序，必须经过编译程序的编译。也就是说，只有编译程序能产生目标程序，而解释程序则不能。

42. 微型计算机中，控制器的基本功能是（ D ）。

A. 进行算术运算和逻辑运算
B. 存储各种控制信息

C. 保持各种控制状态
D. 控制机器各个部件协调一致地工作

【解析】 控制器的基本功能是根据指令计数器中指定的地址从内存取出一条指令，对其操作码进行译码，再由操作控制部件有序地控制各部件完成操作码规定的功能。

43. 下面4条常用术语的叙述中，有错误的一条是（ B ）。

A. 光标是显示屏上指示位置的标志

B. 汇编语言是一种面向机器的低级程序设计语言，用汇编语言编写的程序计算机能直接执行

C. 总线是计算机系统中各部件之间传输信息的公共通路

D. 读写磁头是既能从磁表面存储器读出信息又能把信息写入磁表面存储器的装置

【解析】 汇编语言是一种面向机器的低级程序设计语言，但是用汇编语言编写的源程序计算机不能直接执行，要编译成机器语言。

44. 微机系统与外部交换信息主要通过（ A ）。

A. 输入\输出设备　　B. 键盘　　　　C. 光盘　　　　D. 内存

45. 决定微处理器性能优劣的重要指标是（ C ）。

A. 内存的大小
B. 微处理器的型号

C. 主频
D. 内存储器

【解析】 微处理器的主要性能指标决定于它的每个时钟周期内处理数据的能力和时钟频率（主频），而微处理器处理能力的大小主要是微处理器每次处理数据的位数。

46. 磁盘属于（ D ）。

A. 输入设备　　　B. 输出设备　　　C. 内存储器　　　D. 外存储器

第3章 Windows 7 操作系统实训

3.1 设置桌面

【实训 3-1】 对桌面图标进行创建、重排、改名和删除等操作。

（1）具体要求

1）在桌面上创建名称为"Windows 练习 1"的文件夹。

2）在硬盘 C:\上创建名称为"Windows 练习 2"文件夹。

3）将硬盘上新建的文件夹的快捷方式发送到桌面上。观察桌面上文件图标和快捷方式图标的区别。

4）在桌面上重新排列图标。

5）将在桌面上的"Windows 练习 1"文件名称改为"练习一"，桌面上的快捷方式"Windows 练习 2"改为"练习二"。观察 C:\上的"Windows 练习 2"是否改变了。

6）更换创建的"练习一""练习二"文件夹的图标外观。

7）删除桌面上的"练习一""练习二"和 C:\中的"Windows 练习 2"文件夹。

（2）操作步骤

1）在桌面上的空白区域右击，在弹出的快捷菜单中选择"新建"→"文件夹"命令，输入文件夹名称"Windows 练习 1"，最后单击其他区域或者按〈Enter〉键。

2）单击任务栏左侧上的"资源管理器"，打开 C 盘，右击空白区域，在弹出快捷菜单中选择"新建"→"文件夹"命令，输入文件夹名称"Windows 练习 2"，最后单击其他区域或者按〈Enter〉键。

3）右击刚才新建的"Windows 练习 2"文件夹，在弹出的快捷菜单中选择"发送到"→"桌面快捷方式"命令。该快捷方式图标出现在桌面上。

4）可以把图标拖动到桌面上的新位置来移动图标。如果要自动排列，则在桌面上的空白区域右击，在弹出的快捷菜单中选择"排列方式"选项，然后选择"名称""大小"等。

5）将在桌面上的"Windows 练习 1"文件夹名称改为"练习一"，再将桌面上的快捷方式"Windows 练习 2"改为"练习二"。在桌面上双击"练习二"将打开 C:\中的"Windows 练习 2"文件夹，可见快捷方式是某项目的链接图标。

6）右击"练习一"，在弹出的快捷菜单中选择"属性"命令，显示"练习一属性"对话框，单击"自定义"选项卡，单击"更改图标"按钮，显示"更改图标"对话框，选择其中的一个图标，单击"确定"按钮退出"更改图标"对话框。再次单击"确定"按钮。

右击"练习二"，在弹出的快捷菜单中选择"属性"命令，显示"练习二属性"对话框，在"快捷方式"选项卡中，单击"更改图标"按钮，显示"更改图标"对话框，选择其中的一个图标，单击"确定"按钮退出"更改图标"对话框。再次单击"确定"按钮。

7）在桌面上右击"练习一"，在弹出的快捷菜单中选择"删除"命令，在显示的"删除文件夹"对话框中，单击"是"按钮。

在桌面上单击"练习二"，按〈Delete〉键，显示"删除文件夹"对话框，单击"是"按钮。由于删除的是快捷方式，原始项目不会被删除。

单击任务栏左侧上的"资源管理器"，打开 C 盘，右击"Windows 练习 2"，在弹出的快捷菜单中选择"删除"命令，显示"删除文件夹"对话框，单击"是"按钮。

3.2 文件管理

【实训 3-2】 文件夹的创建，文件的分类管理。

（1）具体要求

在 C:根文件夹下保存了大量的各类文件和文件夹，这些文件和文件夹有些是自己编辑的文档，有些是下载的资料。要求依据功能需求将文件和文件夹分类，把相同功能的文件和文件夹保存到对应的文件夹中。分类的文件夹名称由读者自己设定，例如"个人资料""网购""植物""计算机教程""个人修养""娱乐""数码照片""下载的软件""美食"等。

（2）操作步骤

1）使用"Windows 资源管理器"用不同显示方式查看文件和文件夹。

在打开文件夹或库时，使用工具栏中的"视图"按钮或者"查看"菜单，可以更改文件在窗口中的显示方式。

① 单击"视图"按钮的左侧时，会在 5 个不同的视图间循环切换：大图标、列表、详细信息（显示有关文件的多列信息）、平铺和内容（显示文件中的部分内容）。

② 单击"视图"按钮右侧的级联按钮时，共有 8 种视图选项：超大图标、大图标、中等图标、小图标、列表、详细信息、平铺和内容，如图 3-1 所示。向上或向下移动滑块可以微调文件和文件夹图标的大小。随着滑块的移动，可以查看图标更改后的大小。

图 3-1　视图选项

③ 单击"查看"菜单，显示菜单命令中列出了 8 种视图选项，单击其中的命令可更改

视图，作用与"视图"按钮 ⊞▾ 相同。

提示：如果希望左、右某个窗格占据更大的面积，可以将鼠标指针移到两个窗格之间的分隔线上，当鼠标指针变成双向箭头⇔时，拖动鼠标就可调整两个窗格的大小。

在窗口最下边的状态栏中显示对象个数或文件名、修改日期等信息。

2）打开文件或文件夹。

可以打开 Windows 中的文件或文件夹。若要打开文件，必须已经安装了与其关联的程序。通常，该程序与用于创建该文件的程序相同。打开 Windows 中文件或文件夹的方法为找到要打开的文件或文件夹，然后双击要打开的文件或文件夹。

双击文件夹便可以在 Windows 资源管理器中将其打开，它不会打开其他程序。

双击文件时，如果该文件尚未打开，相关联的程序会自动将其打开。若要使用其他程序打开文件，请右击该文件，在弹出的快捷菜单中选择指向"打开方式"命令，然后单击列表中的兼容程序。

如果看到一条消息，内容是 Windows 无法打开文件，则可能需要安装能够打开这种类型文件的程序。若要执行此操作，请在该对话框中，单击"使用 Web 服务查找正确的程序"，然后单击"确定"按钮。如果 Web 服务识别该文件类型，则系统将建议要安装的程序。

3）新建文件夹，例如，分别新建"个人资料""购物""计算机教程"等文件夹。

使用"Windows 资源管理器"新建文件夹或文件的操作步骤为：通过左侧的导航窗格浏览到目标文件夹或桌面，使右侧的内容窗格为目标文件夹。用下面两种方法之一新建文件夹。

① 在右侧的内容窗格中，右击文件和文件夹之外的空白区域，在弹出的快捷菜单中选择"新建"→"文件夹"命令，或需要新建的文档类型，将新建一个文件夹或文档，默认文件夹名为"新建文件夹"或"新建XXX文档"（XXX为文档类型）。

② 在左侧的导航窗格中，右击目标文件夹，在弹出的快捷菜单中选择"新建"→"文件夹"命令，将新建一个文件夹，默认文件夹名为"新建文件夹"。

如果要重命名文件夹或文件名，直接输入新的文件名称；如果不修改，可按〈Enter〉键或单击其他空白区域即可。

【实训3-3】 整理文件夹。

"我的文档"默认是在 C 盘，里面的文件多了会影响计算机运行速度，而且在重装系统时会删掉其中的文件。下面把"我的文档"转移到其他盘，如 D 盘。

1）在"Windows 资源管理器"中，在左侧窗格的"库"下展开"文档"，如图 3-2 所示。右击"我的文档"，在弹出的快捷菜单中选择"属性"命令。

2）显示"我的文档 属性"对话框，单击"位置"选项卡，在文本框中将"我的文档"的路径修改成D盘即可，如图 3-3 所示。

【实训3-4】 查找文件。

打开的文件夹如图 3-4 所示。假设要查找文件名或文件夹名中含有"计算机"的文件和文件夹，在搜索框中输入"计算机"。输入"计算机"后，自动对视图进行筛选，将看到如图 3-5 所示的内容。

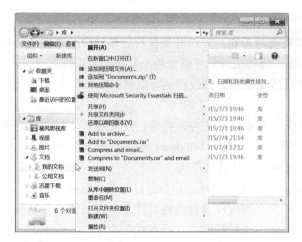

图 3-2 "我的文档"快捷菜单

图 3-3 "位置"选项卡

图 3-4 在搜索框中输入字词之前的文件夹

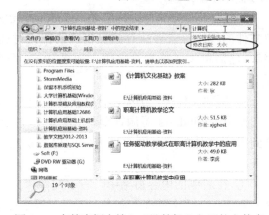

图 3-5 在搜索框中输入"计算机"之后的文件夹

如果要基于一个或多个属性（如文件类型）搜索文件，可以在输入文本前，单击搜索框，再单击搜索框正下方的某一属性（例如，修改日期、大小等）来缩小搜索范围。

3.3 使用控制面板

【实训 3-5】 创建新账户

在"控制面板"的小图标视图中，单击"用户账户"。打开"用户账户"窗口，如图 3-6 所示，单击"管理其他账户"打开"管理账户"窗口，如图 3-7 所示。

单击"创建一个新账户"，打开"创建新账户"窗口，如图 3-8 所示，输入要为用户账户提供的名称（例如"阿猫"），选择账户类型，然后单击"创建账户"按钮。显示账户信息，如图 3-9 所示。

注意：用户名长度不能超过 20 个字符，不能完全由句点或空格组成，不能包含以下任何字符：\ / " [ ] : | < > + = ; , ? * @。

打开"用户账户"窗口，如图 3-6 所示。如果当前的用户账户具有密码，则可以通过单击"更改密码"来更改密码。如果是以管理员身份登录，则可以为任何用户账户创建密码。下面为前面新建的用户账户"阿猫"创建密码。在"用户账户"窗口中单击"管理其他账户"，或者在如图 3-9 所示的窗口中选择希望更改的账户，即"阿猫"。

图 3-6 "用户账户"窗口

图 3-7 "管理账户"窗口

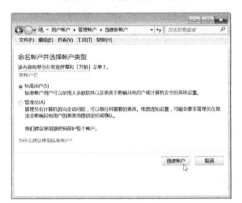

图 3-8 "创建新账户"窗口

图 3-9 账户信息

打开"更改账户"窗口，如图 3-10 所示，单击"创建密码"，显示"创建密码"窗口，如图 3-11 所示。在"新密码"文本框中输入密码，然后在"确认新密码"文本框中再次输入该密码。如果希望使用密码提示，请在"密码提示"文本框中输入提示。最后单击"创建密码"按钮。创建密码后，回到如图 3-10 所示的"更改账户"窗口。可以进行"更改账户名称"（无法更改来宾账户的名称）、"更改图片""更改账户类型"和"删除账户"等操作。

图 3-10 "更改账户"窗口

图 3-11 创建密码

注意：Windows 要求至少有一个管理员账户。如果计算机上只有一个账户，则无法将其更改为标准账户。另外，为防止在忘记密码时失去对文件的访问权限，强烈建议创建密码重设盘。

3.4 习题与解答

一、选择题

1. 当前计算机上运行的 Windows 7 系统是属于（ C ）。
   A. 网络操作系统　　　　　　　　　　B. 单用户单任务操作系统
   C. 单用户多任务操作系统　　　　　　D. 分时操作系统

2. Windows 的"桌面"指的是（ A ）。
   A. 整个屏幕　　　B. 全部窗口　　　C. 某个窗口　　　D. 活动窗口

3. Windows 的"开始"菜单包括了 Windows 系统的（ A ）。
   A. 主要功能　　　B. 全部功能　　　C. 部分功能　　　D. 初始化功能

4. 在 Windows 中，"任务栏"（ D ）。
   A. 只能改变位置不能改变大小　　　　B. 只能改变大小不能改变位置
   C. 既不能改变位置也不能改变大小　　D. 既能改变位置也能改变大小

   【解析】 任务栏的位置、大小均可以改变。

5. Windows "任务栏"上的内容为（ C ）。
   A. 当前窗口的图标　　　　　　　　　B. 已经启动并在执行的程序名
   C. 所有运行程序的程序按钮　　　　　D. 已经打开的文件名

6. 在 Windows 中，下列关于"任务栏"的叙述错误的是（ D ）。
   A. 可以将任务栏设置为自动隐藏
   B. 任务栏可以移动
   C. 通过任务栏上的按钮，可实现窗口之间的切换
   D. 在任务栏上，只显示当前活动窗口名

   【解析】 可以将任务栏设置为自动隐藏，也可以移动任务栏。每个正在运行的应用程序和每个打开的窗口，在任务栏上都有一个相应的按钮，通过任务栏上的按钮，还可实现窗口之间的切换。

7. 在 Windows 中，"回收站"是（ B ）。
   A. 内存中的一块区域　　　　　　　　B. 硬盘上的一块区域
   C. U 盘上的一块区域　　　　　　　　D. 高速缓存中的一块区域

8. 在 Windows 的"回收站"中，存放的（ A ）。
   A. 只能是硬盘上被删除的文件或文件夹
   B. 只能是软盘上被删除的文件或文件夹
   C. 可以是硬盘或软盘上被删除的文件或文件夹
   D. 可以是所有外存储器中被删除的文件或文件夹

9. 在 Windows 中，下列关于"回收站"的叙述中，正确的是（ C ）。
   A. 不论从硬盘还是 U 盘上删除的文件都可以用"回收站"恢复

B．不论从硬盘还是 U 盘上删除的文件都不能用"回收站"恢复

C．用〈Delete(Del)〉键从硬盘上删除的文件可用"回收站"恢复

D．用〈Shift+Delete(Del)〉键从硬盘上删除的文件可用"回收站"恢复

【解析】 Windows 的"回收站"中没有存储且不能被还原的有：从网络位置删除的对象；从移动存储器删除的对象；超过"回收站"存储容量的对象。按〈Shift+Delete〉组合键将永久删除选中的文件，该文件不会放到"回收站"中。

10．在 Windows 中删除某程序的快捷键方式图标，表示（ B ）。

　　A．既删除了图标，又删除该程序

　　B．只删除了图标而没有删除该程序

　　C．隐藏了图标，删除了与该程序的联系

　　D．将图标存放在剪贴板上，同时删除了与该程序的联系

11．图标是 Windows 操作系统中的一个重要概念，它表示 Windows 的对象。它可以指（ D ）。

　　A．文档或文件夹　　　　　　　　B．应用程序

　　C．设备或其他的计算机　　　　　D．以上都正确

12．Windows 中，当一个应用程序窗口被最小化后，该应用程序（ A ）。

　　A．继续在后台运行　　　　　　　B．被暂停执行

　　C．被终止执行　　　　　　　　　D．继续在前台执行

【解析】 当一个应用程序窗口被最小化后，该窗口不再是当前窗口，但对应的应用程序继续在后台运行。

13．在 Windows 窗口中，右击将出现（ B ）。

　　A．对话框　　　　　　　　　　　B．快捷菜单

　　C．文档窗口　　　　　　　　　　D．应用程序窗口

【解析】 在 Windows 中，正常状态下，右击一个对象时可以弹出该对象的快捷菜单。

14．Windows 中，选定多个连续的文件或文件夹，应首先选定第一个文件或文件夹，然后按（ C ）键，单击最后一个文件或文件夹。

　　A．〈Tab〉　　　　B．〈Alt〉　　　　C．〈Shift〉　　　　D．〈Ctrl〉

15．Windows 中将信息传送到剪贴板不正确的方法是（ C ）。

　　A．用"复制"命令把选定的对象送到剪贴板

　　B．用"剪切"命令把选定的对象送到剪贴板

　　C．用〈Ctrl+V〉把选定的对象送到剪贴板

　　D．〈Alt+PrintScreen〉把当前窗口送到剪贴板

16．在 Windows 缺省状态下，下列关于文件复制的描述不正确的是（ B ）。

　　A．利用鼠标左键拖动可实现文件复制

　　B．利用鼠标右键拖动不能实现文件复制

　　C．利用剪贴板可实现文件复制

　　D．利用组合键〈Ctrl+C〉和〈Ctrl+V〉可实现文件复制

17．在 Windows 默认环境中，能将选定的文档放入剪贴板中的组合键是（ C ）。

　　A．〈Ctrl+V〉　　B．〈Ctrl+Z〉　　C．〈Ctrl+X〉　　　　D．〈Ctrl+A〉

18. 在 Windows 中，若要将当前窗口存入剪贴板中，可以按（　A　）。

    A. 〈Alt+PrintScreen〉键　　　　　　　B. 〈Ctrl+PrintScreen〉键

    C. 〈PrintScreen〉键　　　　　　　　　D. 〈Shift+PrintScreen〉键

【解析】　在 Windows 环境下，按〈PrintScreen〉键可将整个屏幕存入剪贴板，当它与〈Alt〉键结合使用时，可将当前窗口存入剪贴板。

19. 在 Windows 资源管理器中，要选定多个连续的文件，错误的操作是（　B　）。

    A. 单击第一个文件，按下〈Shift〉键不放，再单击最后一个文件

    B. 单击第一个文件，按下〈Ctrl〉键不放，再单击最后一个文件

    C. 按下〈Ctrl+A〉，当前文件夹中的全部文件被选中

    D. 在窗口中拖动鼠标，画出的虚线框中的全部文件被选中

【解析】　选定不连续的多个文件或文件夹时，按下键盘上的〈Ctrl〉键，并单击要选择的各个文件或文件夹即可。先选中第一个文件，按住〈Shift〉键，再单击最后一个要选定的文件，则会选中连续的多个文件或文件夹。

20. Windows 中有设置、控制计算机硬件配置和修改桌面布局的应用程序是（　D　）。

    A. Word　　　　　　B. Excel　　　　　　C. 文件管理器　　　　D. 控制面板

21. 在 Windows 默认环境中，不能运行应用程序的方法是（　D　）。

    A. 双击应用程序的快捷方式

    B. 双击应用程序的图标

    C. 右击应用程序的图标，在弹出的快捷菜单中选择"打开"命令

    D. 右击应用程序的图标，然后按〈Enter〉键

22. 在 Windows 中，文件不包括的属性是（　B　）。

    A. 系统　　　　　　B. 运行　　　　　　C. 隐藏　　　　　　D. 只读

23. 在资源管理器左窗口中，单击文件夹中的图标，则（　B　）。

    A. 在左窗口中扩展该文件夹　　　　B. 在右窗口中显示文件夹中的子文件夹和文件

    C. 在左窗口中显示子文件夹　　　　D. 在右窗口中显示该文件夹中的文件

【解析】　单击文件夹图标将会在右窗口显示该文件夹中的子文件夹和文件；如果双击该文件夹图标，不仅在右窗口显示子文件夹和文件，同时在左窗口展开该文件夹下的子文件夹。

24. 把 Windows 的窗口和对话框作一一比较，窗口可以移动和改变大小，而对话框（　B　）。

    A. 既不能移动，也不能改变大小　　B. 仅可以移动，不能改变大小

    C. 仅可以改变大小，不能移动　　　D. 既能移动，也能改变大小

25. 在"Windows 资源管理器"窗口中，若已选定了文件或文件夹，为了设置其属性，可以打开属性对话框的操作是（　B　）。

    A. 右击"文件"菜单中的"属性"命令

    B. 右击该文件或文件夹名，然后从弹出的快捷菜单中选"属性"命令

    C. 右击"任务栏"中的空白处，然后从弹出的快捷菜单中选择"属性"命令

    D. 右击"查看"菜单中"工具栏"下的"属性"图标

【解析】 激活菜单栏的"文件"和"查看"时都应用鼠标单击，故排除 A、D；右击"任务栏"空白处选择"属性"命令打开的是任务栏和"开始"菜单的属性对话框，故排除 C 项。

26．为获得 Windows 帮助，必须通过的途径是（　D　）。

A．在"开始"菜单中运行"帮助和支持"命令

B．选择桌面并按〈F1〉键

C．在使用应用程序过程中按〈F1〉键

D．A 和 B 都对

27．可以启动记事本的方法是单击（　A　）。

A．"开始"→"所有程序"→"附件"→"记事本"

B．"Windows 资源管理器"→"控制面板"→"记事本"

C．"Windows 资源管理器"→"记事本"

D．"Windows 资源管理器"→"控制面板"→"辅助选项"→"记事本"

28．在 Windows 中，用户同时打开的多个窗口可以层叠式或平铺式排列，要想改变窗口的排列方式，应进行的操作是（　A　）。

A．右击"任务栏"空白处，然后在弹出的快捷菜单中选择要排列的方式

B．右击桌面空白处，然后在弹出的快捷菜单中选择要排列的方式

C．先打开"资源管理器"窗口，选择"查看"→"排列图标"选项

D．先打开"库"窗口，选择"查看"→"排列图标"选项

29．在 Windows "资源管理器"窗口右部选定所有文件，如果要取消其中几个文件的选定，应进行的操作是（　B　）。

A．依次单击各个要取消选定的文件

B．按住〈Ctrl〉键，再依次单击各个要取消选定的文件

C．按住〈Shift〉键，再依次单击各个要取消选定的文件

D．依次右击各个要取消选定的文件

【解析】 按住〈Ctrl〉键，依次单击各文件，既可以选中所单击的文件，也可以取消文件的选定。

30．在 Windows 中，打开"资源管理器"窗口后，要改变文件或文件夹的显示方式，应选用（　C　）。

A．"文件"菜单　　　　　　　　　　B．"编辑"菜单

C．"查看"菜单　　　　　　　　　　D．"帮助"菜单

31．在 Windows 中，能弹出对话框的操作是（　A　）。

A．选择了带省略号的菜单项　　　　B．选择了带级联按钮的菜单项

C．选择了颜色变灰的菜单项　　　　D．运行了与对话框对应的应用程序

【解析】 在 Windows 中，能弹出对话框的操作是选择了带省略号的菜单项。选择级联按钮的菜单项时，能出现的是级联菜单。

32．关于 Windows 的说法，正确的是（　C　）。

A．Windows 是迄今为止使用最广泛的应用软件

B．使用 Windows 时，必须要有 MS-DOS 的支持

C．Windows 是一种图形用户界面操作系统，是系统操作平台

D．以上说法都不正确

【解析】 Windows 是计算机操作系统的一种，是一种基于图形用户界面的多任务操作系统。

33．关于 Windows 的文件名描述正确的是（　D　）。

A．文件主名只能为 8 个字符　　　　　　B．可长达 255 个字符，无须扩展名

C．文件名中不能有空格出现　　　　　　D．可长达 255 个字符，同时仍保留扩展名

34．在 Windows 默认环境中，若已找到了文件名为 try.bat 的文件，不能编辑该文件的方法是（　A　）。

A．双击该文件

B．右击该文件，在弹出的系统快捷菜单中选择"编辑"命令

C．首先启动"记事本"程序，然后选择"文件→打开"菜单命令打开该文件

D．首先启动"写字板"程序，然后选择"文件→打开"菜单命令打开该文件

35．Windows 中，对文件和文件夹的管理是通过（　C　）。

A．对话框　　　　B．剪贴板　　　　C．资源管理器　　　　D．控制面板

36．在 Windows 中，实现中文输入和英文输入之间的切换应按组合键（　A　）。

A．〈Ctrl+Space〉　B．〈Shift+Space〉　C．〈Ctrl+Shift〉　　　　D．〈Alt+Tab〉

37．在 Windows 中，错误的新建文件夹的操作是（　B　）。

A．在"资源管理器"窗口中，选择"文件"→"新建"→"文件夹"命令

B．在 Word 程序窗口中，单击"文件"菜单中的"新建"命令

C．右击"资源管理器"文件夹内容窗口的任意空白处，在弹出的快捷菜单中选择"新建"→"文件夹"命令

D．在"资源管理器"的某驱动器或用户文件夹窗口中，选择"文件"→"新建"→"文件夹"命令

38．在资源管理器右窗格中，如果需要选定多个非连续排列的文件，应（　A　）。

A．按〈Ctrl〉键+单击要选定的文件对象

B．按〈Alt〉键+单击要选定的文件对象

C．按〈Shift〉键+单击要选定的文件对象

D．按〈Ctrl〉键+双击要选定的文件对象

39．在 Windows 资源管理窗口中，左部显示的内容是（　B　）。

A．所有未打开的文件夹　　　　　　　　B．系统的树形文件夹结构

C．打开的文件夹下的子文件夹及文件　　D．所有已打开的文件夹

40．下列关于 Windows 菜单的说法中，不正确的是（　D　）。

A．命令前有"·"记号的菜单选项，表示该项已经选用

B．当鼠标指向带有黑色箭头符号"▸"的菜单选项时，弹出一个子菜单

C．带省略号"..."的菜单选项执行后会打开一个对话框

D．用灰色字符显示的菜单选项表示相应的程序被破坏

41．在 Windows 中，对同时打开的多个窗口进行层叠式排列，这些窗口的显著特点是（　B　）。

A. 每个窗口的内容全部可见   B. 每个窗口的标题栏全部可见

C. 部分窗口的标题栏不可见   D. 每个窗口的部分标题栏可见

42. 在 Windows 中，当一个窗口已经最大化后，下列叙述中错误的是（ B ）。

     A. 该窗口可以被关闭   B. 该窗口可以移动

     C. 该窗口可以最小化   D. 该窗口可以还原

43. 在 Windows 中，可以由用户设置的文件属性为（ C ）。

     A. 存档、系统和隐藏   B. 只读、系统和隐藏

     C. 只读、存档和隐藏   D. 系统、只读和存档

【解析】 在 Windows 系统中，用户可以把文件设置为只读、存档和隐藏属性。

44. 在 Windows 的"资源管理器"窗口右部，若已单击了第一个文件，又按住〈Ctrl〉键并单击了第 5 个文件，则（ D ）。

     A. 有 0 个文件被选中   B. 有 5 个文件被选中

     C. 有 1 个文件被选中   D. 有 2 个文件被选中

45. 下列关于 Windows 对话框的叙述中，错误的是（ C ）。

     A. 对话框是提供给用户与计算机对话的界面

     B. 对话框的位置可以移动，但大小不能改变

     C. 对话框的位置和大小都不能改变

     D. 对话框中可能会出现滚动条

46. 在 Windows 中文件夹名不能是（   ）。

     A. 12%+3%   B. 12-3 C. 12*3!   D. 1&2=0

二、操作题

1. 在练习文件夹中，分别建立 Lx1、Lx2 和 Temp 文件夹。

2. 在 Lx1 文件夹中新建一个名为 Book1.txt 的文本文档。

3. 在练习文件夹中，再新建一个 Good 文件夹，把 Lx1 文件夹及其中的文件复制到 Good 文件夹中。把 Lx2 文件夹移动到 Good 文件夹中。

4. 把 Lx2 文件夹设置为隐藏属性。

5. 删除 Temp 文件夹。

第4章　Word 文字编辑软件实训

4.1　制作宣传报

本节以制作"宣传报"为例，介绍 Word 复杂版面的制作，用到的 Word 功能有页面设置、文本框、艺术字、边框和底纹、图片和形状、带圈字符等内容。

4.1.1　任务要求

制作一张宣传报，要求纸张大小为宽度 42 厘米、高度 28 厘米，文章的文字已经录入到文件，图片也已经做好。制作完成的宣传报如图 4-1 所示。

图 4-1　宣传报效果图

4.1.2　操作步骤

【实训 4-1】 页面设置。

制作宣传报，首先需要对页面进行设置，不同的页面设置，打印出来的效果会有所不同，根据宣传报整体布局，对页面的页边距、纸张方向、纸张大小进行调整，具体操作步骤如下。

1）启动 Word，新建空白文档。在"文件"选项卡中单击"另存为"，选择文件保存路径，将文档命名为"宣传报.docx"进行保存。

2）将纸张方向改为"横向"。在"页面布局"选项卡的"页面设置"组中，单击"纸张方向"，在下拉列表中选择"横向"，如图 4-2 所示。

3）单击"纸张大小"，在下拉列表中选择"其他页面大小"，显示"页面设置"对话框，选择"自定义大小"，并设置"宽度"为42厘米、"高度"为28厘米，如图4-3所示。

图4-2 "纸张方向"下拉列表 　　　　　　　　图4-3 "页面设置"对话框

【实训4-2】 插入宣传报文本框。

1）在"插入"选项卡的"文本"组中，单击"文本框"，在下拉列表中选择"绘制文本框"，如图4-4所示，在页面中绘制一个文本框。

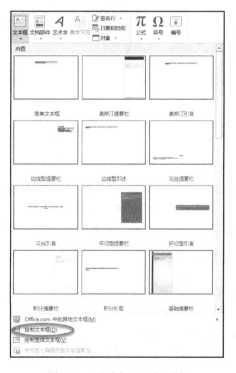

图4-4 "文本框"下拉列表

2）将文本框内的文字删除。在"格式"选项卡的"大小"组中，设置文本框高度为19.2厘米、宽度为39.2厘米，如图4-5所示。

3）在"排列"组中，单击"下移一层"，在下拉列表中选择"置于底层"，如图4-6所示，将文本框置于页面最底层。

图4-5　设置文本框大小　　　　　　　　图4-6　"下移一层"下拉列表

4）在"排列"组中，单击"对齐"，在下拉列表中分别选择"上下居中""左右居中"，如图4-7所示。将文本框置于页面中间。

5）单击文本框边框，选中文本框后右击，在弹出的快捷菜单中选择"设置形状格式"命令，显示"设置形状格式"对话框。在"填充"选项卡中选择"无填充"，在"线型"选项卡中设置"复合类型"为"三线"、"宽度"为6磅，如图4-8所示。

图4-7　"对齐"下拉列表　　　　　　　图4-8　"设置形状格式"对话框

【实训4-3】 插入标题文本框。

1）插入标题文本框，设置文本框高度为3.5厘米、宽度为31厘米。

2）右击文本框，在弹出的快捷菜单中选择"设置形状格式"命令，打开"设置形状格式"对话框。在"填充"选项卡中选择"渐变填充"，单击🗑按钮可以删除"渐变光圈"，保留两个"渐变光圈"，并分别设置为白色和蓝色，如图4-9所示，设置文本框填充色从白色渐变到蓝色。

3）文本框添加阴影效果。打开"设置形状格式"对话框，在"阴影"选项卡中，将"预设"设置为"右下斜偏移"，如图4-10所示。

4）在文本框内输入标题文字"节约用水 从身边开始"。在"开始"选项卡中，将"字体"设置为黑体，"字号"设置为72磅，字形设置为加粗、居中。设置后的效果如图4-11所示。

图 4-9　设置渐变填充

图 4-10　设置阴影效果

【实训 4-4】　插入"世界水日"宣传图片。

1）将光标放在宣传报文本框外，在"插入"选项卡的"插图"组中，单击"图片"，显示"插入图片"对话框，如图 4-12 所示。双击图片"世界水日.png"，将图片插入到页面中。

图 4-11　标题文字

图 4-12　"插入图片"对话框

2）选中图片，在"格式"选项卡的"排列"组中，单击"自动换行"，在下拉列表中选择"衬于文字下方"，如图 4-13 所示。将图片移动到宣传报右上角，并适当调整图片大小，如图 4-14 所示。

图 4-13　设置图片环绕方式

【实训4-5】 制作"世界水日"文本框，如图4-15所示。

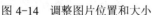

图4-14 调整图片位置和大小   图4-15 "世界水日"文本框

1）插入"世界水日"标题文本框，设置文本框高度为7.3厘米、宽度为1.6厘米。打开
"设置形状格式"对话框，在"填充"选项卡中选择"无填充"，在"线条颜色"选项卡中选
择"无线条"，如图4-16所示。

2）在文本框内输入文字"世界水日"，在"开始"选项卡中单击"文本效果"，选择
"蓝色"文字效果，如图4-17所示。在"开始"选项卡的"字体"组中将字体设置为宋体，
字号设置为小二号字，字形加粗。

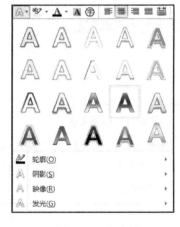

图4-16 设置"无线条"   图4-17 文本效果

3）选中"世界水日"4个字，在"开始"选项卡的"段落"组中，单击"边框"级联按
钮▼，在下拉列表中选择"边框和底纹"。显示"边框和底纹"对话框，在"样式"列表中选
择外边框样式，在"颜色"下拉列表框中选择"蓝色"，在"应用于"下拉列表框中选择
"段落"，如图4-18所示，单击"确定"按钮。再次打开"边框和底纹"对话框，在"样
式"列表中选择"波浪线"，在"颜色"下拉列表框中选择"蓝色"，在"应用于"下拉列表
框中选择"文字"，如图4-19所示，单击"确定"按钮。

4）插入文字文本框，在文本框内输入"世界水日简介"短文内容。在"开始"选项卡
的"字体"组中，将"字体"设置为楷体，"字号"设置为五号字。根据文字内容，调整文
本框位置及大小。

图 4-18 设置"段落边框"

图 4-19 设置"文字边框"

【实训 4-6】 制作"水的重要性"文本框，如图 4-20 所示。

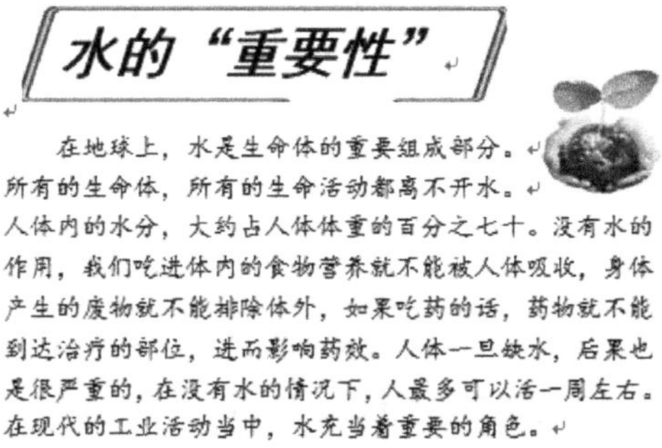

1）插入文本框，输入"水的重要性"标题及短文内容。将标题字体设置为黑体，字号设置为二号，字形设置为斜体加粗。将正文内容字体设置为楷体，字号设置为五号字。根据文字内容，调整文本框位置及大小。打开"设置形状格式"对话框，在"填充"选项卡选择"无填充"，在"线条颜色"选项卡选择"无线条"。

2）为标题添加装饰框，将光标放在宣传报文本框外，在"插入"选项卡的"插图"组中，单击"图片"，显示"插入图片"对话框，双击"装饰框.png"，将图片插入到页面中。

3）选中图片，在"格式"选项卡的"排列"组中，单击"自动换行"，在下拉列表中选择"衬于文字下方"，如图 4-21 所示。然后将图片移动到标题文字下方。

4）正文采用手动换行的方式，在右上角留出空白区域，如图 4-22 所示。在文本框外插入图片"地球树叶.png"，将图片环绕方式设置为"衬与文字上方"，根据空白区域大小，调整图片大小及位置。

图 4-20 "水的重要性"文本框

图 4-21 设置图片环绕方式

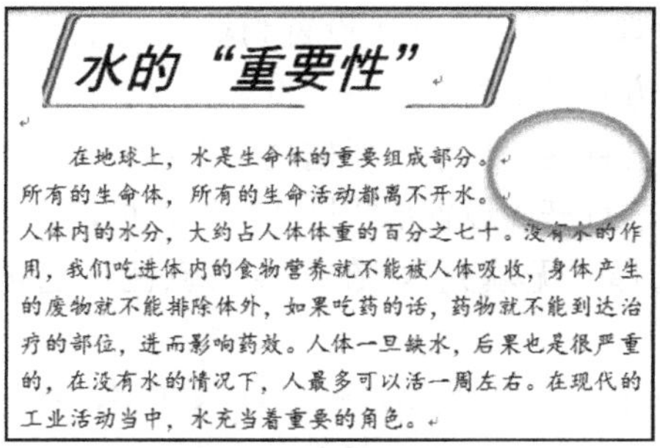

图 4-22 手动换行

【实训4-7】 制作"节水意识"文本框,如图4-23所示。

1)插入文本框,输入"节水意识"标题及短文内容。将标题字体设置为黑体,字号设置为二号。将正文内容字体设置为楷体,字号设置为五号字。根据文字内容,调整文本框位置及大小。打开"设置形状格式"对话框,在"填充"选项卡选择"无填充",在"线条颜色"选项卡选择"无线条"。

2)为标题"节约用水"设置菱形带圈字符。在"开始"选项卡的"字体"组中,单击 ⓨ 按钮,显示"带圈字符"对话框。选择"增大圈号"样式,"菱形"圈号,如图4-24所示,单击"确定"按钮。

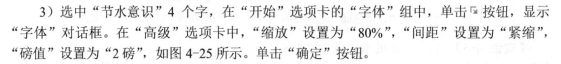

图4-23 "节水意识"文本框

3)选中"节水意识"4个字,在"开始"选项卡的"字体"组中,单击 ꙸ 按钮,显示"字体"对话框。在"高级"选项卡中,"缩放"设置为"80%","间距"设置为"紧缩","磅值"设置为"2磅",如图4-25所示。单击"确定"按钮。

图4-24 "带圈字符"对话框

图4-25 "字体"对话框

【实训4-8】 制作"国家节水行动方案"文本框,如图4-26所示。

1)插入文本框,输入"国家节水行动方案"标题及短文内容。将标题字体设置为楷体,字号设置为小二,对齐方式设置为右对齐。将正文内容字体设置为楷体,字号设置为五号字。根据文字内容,调整文本框位置及大小。打开"设置形状格式"对话框,在"填充"选项卡选择"无填充",在"线条颜色"选项卡选择"无线条"。

图4-26 "国家节水行动方案"文本框

2)为标题设置边框。选中标题文字,在"开始"选项卡的"段落"组中,打开"边框和底纹"对话框,在"样式"列表中选择"点-短线"

边框样式，在"颜色"下拉列表中选择红色，在"应用于"下拉列表中选择文字，单击"确定"按钮。

3）在宣传报文本框外插入图片"信笺.png"，将图片环绕方式设置为"衬与文字上方"，根据标题左边空白区域大小，调整图片大小及位置。

【实训 4-9】 制作"世界十大河流"文本框，如图 4-27 所示。

图 4-27 "世界十大河流"文本框

1）插入标题文本框，输入文字"世界十大河流"。将字体设置为华文彩云，字号设置为二号，根据文字内容，调整文本框位置及大小。打开"设置形状格式"对话框，在"填充"选项卡中选择"无填充"，在"线条颜色"选项卡中选择"无线条"。

2）选中文字，在"开始"选项卡的"字体"组中，单击"下划线"的级联按钮 ，在下拉列表中选择"其他下划线"，弹出"字体"对话框。将"下划线线型"设置为最后一项"双波浪线"，如图 4-28 所示，单击"确定"按钮。

3）在宣传报文本框外插入图片"河流.png"，将图片环绕方式设置为"衬与文字上方"，"高度"设置为"2 厘米"，根据标题右边空白区域大小，调整图片位置。

4）插入文字文本框，在文本框内输入"世界十大河流"短文内容。将字体设置为仿宋，字号设置为小五号字。根据文字内容，调整文本框位置及大小。

5）打开"设置形状格式"对话框，在"填充"选项卡中选择"图案填充"，并在图案列表中选择"大棋盘"，"前景色"设置为"黄色"，"背景色"设置为"白色"，如图 4-29 所示。

图 4-28 设置下划线线型

图 4-29 设置图案填充

【实训4-10】 制作"历届世界水日主题"文本框，如图 4-30 所示。

1）插入竖排文本框，输入标题文字"历届世界水日主题"。将字体设置为隶书，字号设置为二号，居中对齐。

2）打开"设置形状格式"对话框，在"填充"选项卡中选择"无填充"；在"线条颜色"选项卡中选择"实线"，"颜色"为"浅绿"，如图 4-31 所示。在"线型"选项卡中设置"宽度"为"4.5 磅"，"复合类型"为"三线"。

图 4-30 "历届世界水日主题"文本框

3）选中标题文字，在"格式"选项卡的"艺术字样式"组中，单击"文本填充"，在列表框中选择"渐变"，单击"线性对角"样式，如图 4-32所示。

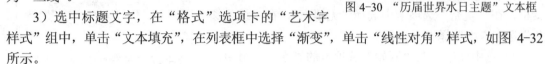

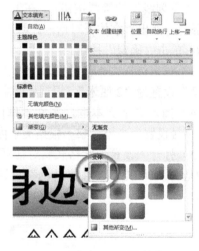

图 4-31 形状选项　　　　　　　　　图 4-32 渐变填充

4）插入竖排文本框，输入"历届世界水日主题"短文内容。将字体设置为幼圆，字号设置为五号。根据文字内容，调整文本框位置及大小。打开"设置形状格式"对话框，在"填充"选项卡中选择"无填充"，在"线条颜色"选项卡中选择"无线条"。

5）在宣传报文本框外插入图片"山峰.png"，将图片环绕方式设置为"衬与文字下方"，根据正文下方空白区域大小，调整图片大小及位置。

【实训4-11】 制作"世界水日宣传口号"文本框，如图 4-33 所示。

1）插入标题文本框。在"插入"选项卡的"文本"组中，单击"艺术字"，在下拉列表中选择"灰色"样式，输入文字"世界水日宣传口号"。将字体设置为宋体，字号设置为 20，字形设置为加粗。根据文

世界水日宣传口号

◆ 水是生命之源、生产之要、生态之基
◆ 大力加强农田水利，保障国家粮食安全
◆ 加快落实最严格的水资源管理制度
◆ 建设节水型社会，保障城乡用水安全
◆ 优化配置、厉行节约、有效保护
◆ 科学防御水旱灾害，促进经济社会发展
◆ 保护植被、涵养水源，防治水土流失
◆ 加强农村水利工作，促进城乡协调发展
◆ 珍惜水、节约水、保护水
◆ 保障饮水安全，维护生命健康
◆ 合理开发利用，重在节约保护
◆ 保护水资源，改善水环境
◆ 加强河道管理，维护河湖健康

图 4-33 "世界水日宣传口号"文本框

字内容，调整文本框位置及大小。

2）插入文本框，输入"世界水日宣传口号"短文内容。将字体设置为楷体，字号设置为五号。打开"设置形状格式"对话框，在"填充"选项卡中选择"无填充"，在"线条颜色"选项卡中选择"无线条"。

3）设置蓝色菱形项目符号。选中全部短文内容，在"开始"选项卡的"段落"组中，单击"项目符号" ⋮☰ 的级联按钮 ▾，在下拉列表中选择"定义新项目符号"，弹出"定义新项目符号"对话框，单击"图片"按钮，显示"图片项目符号"对话框，如图 4-34 所示。单击"导入"按钮，找到"素材"文件夹，双击图片"菱形.png"，如图 4-35 所示。将该图片设置为项目符号，返回"图片项目符号"对话框，单击"确定"按钮。

图 4-34 "图片项目符号"对话框

图 4-35 选择图片

4）在宣传报文本框外插入图片"人物.png"，将图片环绕方式设置为"衬与文字下方"，根据正文右下方空白区域大小，调整图片大小及位置。

【实训 4-12】 制作"节水小妙招"文本框，如图 4-36 所示。

1）插入"云形标注"形状。在"插入"选项卡的"插图"组中，单击"形状"，在下拉列表中选择"云形标注"，如图 4-37 所示。在空白区域绘制"云形"形状，根据空白区域大小调整"云形标准"的形状大小和位置。在"格式"选项卡的"形状样式"组中，选择"金色"样式，如图 4-38 所示。

2）在形状中输入文字"节水 小妙招"。将字体设置为幼圆，字形设置为加粗，文字颜色为红色，"节水"两字的字号设置为二号，"小妙招"三个字的字号设置为三号。

3）插入文本框，输入"节水小妙招"短文内容。将字体设置为楷体，字号设置为五号。打开"设置形状格式"对话框，在"填充"选项卡中选择"无填充"，在"线条颜色"选项卡中选择"无线条"。

【实训 4-13】 插入"分隔图"。

在宣传报文本框外插入图片"分隔图.png"，将图片环绕方式设置为"衬与文字下方"，将图片移动到文本框之间的空白区域。

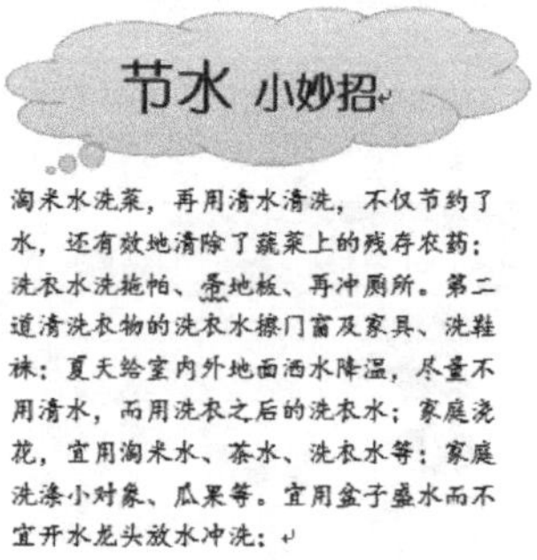

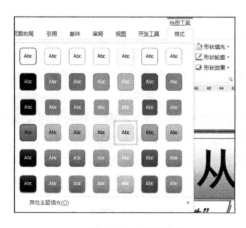

图 4-36 "节水小妙招"文本框

图 4-37 "形状"下拉列表

4.1.3　课后练习

【练习 4-1】　制作宣传海报，如图 4-39 所示。

图 4-38　形状样式

图 4-39　"宣传海报"效果图

1）插入宣传海报文本框，高 27.8 厘米，宽 10.3 厘米。文本边框设置为实线 2 磅，无填充，"发光"效果。

2）插入文本框输入宣传海报相关文字，并按要求设置格式。

标题：宋体，红色加粗，72 号字。

副标题：黑体，红色加粗，28 号字，设置红色 1 磅 "左边框" 和 "右边框"。

正文：楷体，三号字，段落行间距 18 磅。

3）插入图片 "敬业.jpg"，设置图片样式，图片环绕方式为 "衬于文字下方"。调整图片大小和位置。

4）插入 "社会主义核心价值观" 红色文本框。

标题：仿宋，小四号字。

正文：仿宋，五号字。

【练习 4-2】 制作报纸封面，如图 4-40 所示。

1）将 Word 文档的纸张大小设置为宽 18.4 厘米，高 26 厘米。

2）插入标题文本框，将文本框设置为 "无线条" "无填充"。输入标题文字，并按要求设置格式。

"中国"：华文行楷，红色，72 号字。

"科学技术报"：华文行楷，蓝色，46 号字。

3）插入英文标题文本框，字体为 Arial，13.5 号字。

4）插入图片 "封面.jpg"，图片环绕方式为 "衬于文字下方"，调整图片大小和位置。

5）插入报刊信息文本框，期数格式为黑体，红色小一号字，其他信息为宋体五号字。

图 4-40 "报纸封面" 效果图

6）分别插入内容文本框，输入对应的正文内容。标题为黑体五号字，14 磅行距，正文为楷体小五号字，14 磅行距。按照图 4-40 所示效果设置边框。

4.2 编排毕业论文

本节以编排毕业论文为例，介绍长文档的排版方法与技巧，用到的 Word 功能主要有样式、目录、页眉和页脚等内容。

4.2.1 任务要求

毕业论文是每位大学生必须完成的学业，制作完成的毕业论文是否符合规范、美观，将直接影响到毕业论文的成绩。毕业论文包括封面、摘要、目录、正文及页眉和页脚等内容，而且页眉和页脚奇偶页不同，页眉要求是当前章的名称。完成的毕业设计论文如图 4-41 所示。

4.2.2 操作步骤

【实训 4-14】 毕业论文格式。

毕业论文应包括以下几个部分：论文封面、摘要（中、英文）、关键词、目录、论文正文、致谢、参考文献和附录（可选）。

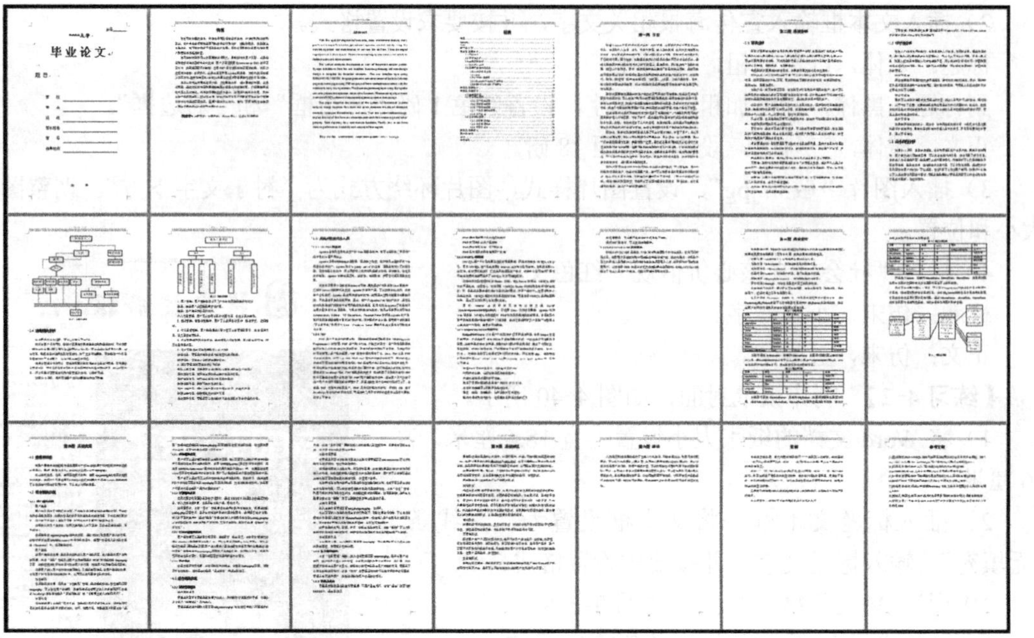

图 4-41 毕业论文排版样例

（1）页面设置

采用 A4 大小的纸张打印，上、下页边距均为 2.5 厘米，左、右页边距均为 3.17 厘米；左侧预留 0.5 厘米装订线；页眉、页脚距边界均 1.5 厘米。

论文封面、中文摘要、英文摘要、目录、致谢和参考文献，每一部分应另起一页。论文分章节撰写，每章应另起一页。

（2）封面要求

封面使用默认封面样式，如图 4-42 所示。封面中不书写页码、页眉。

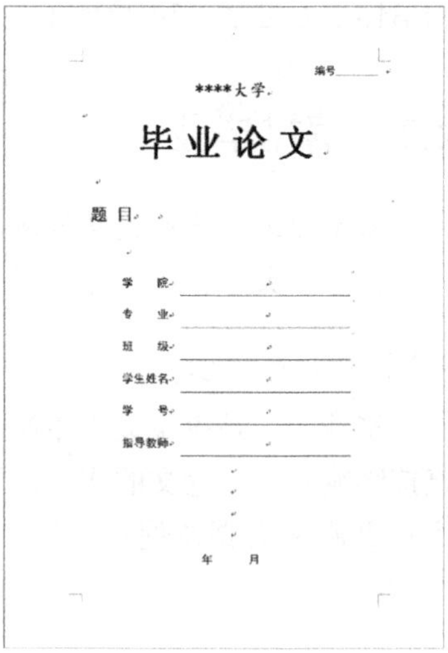

（3）摘要要求

中文摘要标题为"摘要"，英文摘要标题为"Abstract"，其中，中文字体黑体，西文字体 Times New Roman，字号三号，加粗，对齐方式为居中，间距为段前 1 行、段后 1 行，单倍行距。与论文一级标题样式相同。

摘要正文：中文字体宋体，西文字体 Times New Roman，字号小四号，对齐方式为两端对齐，首行缩进 2 字符，行距为固定值 20 磅。与论文正文内容样式相同。

在摘要正文后，间隔一行，输入文字"关键词:""Key words:"，中文字体黑体，西文字体 Times New Roman、四号、加粗，其后的关键词格式同摘要正文。

图 4-42 封面样式

（4）目录格式

在英文摘要后，另起一页显示目录。目录按三级标题自动生成，要求层次清晰，目录中的标题要与论文中标题一致。应包括摘要、论文标题、致谢、参考文献及附录等。

56

"目录"两字的字体黑体，字号三号，加粗，对齐方式为居中，间距为段前 1 行、段后 1 行，单倍行距。与论文一级标题样式相同。

目录正文：字体宋体，字号五号，对齐方式为右对齐，单倍行距。

（5）论文格式

一级标题（章标题）：中文字体黑体，西文字体 Times New Roman，字号三号，加粗，对齐方式为居中，间距为段前 1 行、段后 1 行，单倍行距。论文各部分的标题及中英文摘要标题、目录标题均采用论文中一级标题的样式。大纲级别 1 级。

二级标题（节标题）：中文字体宋体，西文字体 Times New Roman，字号四号，加粗，对齐方式为左对齐，间距为段前 0.5 行、段后 0.5 行，单倍行距。大纲级别 2 级。

三级标题（条标题）：中文字体宋体，西文字体 Times New Roman，字号小四号，加粗，对齐方式为左对齐，行距为固定值 20 磅。大纲级别 3 级。

正文内容：中文字体宋体，西文字体 Times New Roman，字号小四号，对齐方式为两端对齐，首行缩进 2 字符，行距为固定值 20 磅。

图：正文中的所有图都应有编号和图名，并在图片正下方居中书写，图的编号采用"图 1-1"的格式，分章编号，并在其后空格书写图名，中文字体黑体，西文字体 Times New Roman，字号为小五号。图片对齐方式为居中。

表：正文中的所有表都应有编号和表名，并在表格正上方居中书写，表的编号采用"表 1-1"的格式，分章编号，并在其后空格书写表名，中文字体黑体，西文字体 Times New Roman，字号为小五号。表格对齐方式为居中。表格中的文字采用正文内容的格式。

（6）致谢格式

标题为"致谢"，与论文一级标题样式相同。致谢正文与论文正文内容的格式相同。

（7）参考文献格式

标题为"参考文献"，与论文一级标题样式相同。正文内容：中文字体宋体，西文字体 Times New Roman，字号小四号，对齐方式为两端对齐，行距为固定值 20 磅。

参考文献参照《文后参考文献著录规则》（GB/T7714—2015）的规定。

（8）页码

在页脚居中位置显示当前页面的页码，封面页不显示页码，中英文摘要、目录部分页码使用罗马数字（Ⅰ Ⅱ Ⅲ...）编号。从论文正文开始，使用阿拉伯数字，从 1 开始编号。

（9）页眉

论文除封面外各页均应添加页眉，在页眉位置添加一条上粗下细的下边框线，居中打印页眉。奇数页的页眉为标题文字（包括摘要和目录），如图 4-43 所示。

图 4-43　奇数页页眉

偶数页页眉为"XXXX 大学毕业论文"，如图 4-44 所示。

图 4-44　偶数页页眉

【实训 4-15】　页面设置。

1）打开素材中的 Word 文件"毕业论文-原稿.docx"，将文件另存为"毕业论文.docx"。

2）按照毕业论文格式的要求，设置纸张大小和页边距。在"页面布局"选项卡的"页面设置"组中，单击"纸张大小"，在下拉列表中选择"A4"。

3）在"页面设置"组中，单击"页边距"，在下拉列表中选择"自定义边距"，显示"页面设置"对话框。在"页边距"选项组中设置上边距为"2.5 厘米"，下边距为"2.5 厘米"，左边距为"3.17 厘米"，右边距为"3.17 厘米"，装订线为"0.5 厘米"，装订线位置为"左"；在"应用于"下拉列表中选择"整篇文档"如图 4-45 所示，单击"确定"按钮，完成页面设置。

图 4-45　"页面设置"对话框

【实训 4-16】　插入分隔符。

1）摘要、Abstract 和目录等每一部分内容属于新的一节，都要另起一页，需要使用"分节符"。将光标放置在英文摘要"Abstract"前，在"页面布局"选项卡的"页面设置"组中，单击"分隔符"，在下拉列表中选择"下一页"类型的分节符，如图 4-46 所示。英文摘要部分的内容就会在新的页面中显示，如图 4-47 所示。

2）按照上一步的方法，在"第一章 引言"前插入"下一页"类型的分节符。

3）论文正文部分，每章应另起一页，因为所有章节都属于同一节，所以需要使用"分页符"。将光标放置在"第二章 系统分析"前，在"页面布局"选项卡的"页面设置"组中，单击“分隔符”，在下拉列表中（如图 4-46 所示）选择“分页符”。

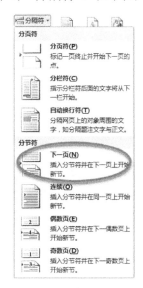

图 4-46 “分隔符”下拉列表

Abstract

With the rapid development of networks, many e-commerce matures, many profit and non-profit business, government agencies are also actively using the network operation and maintenance, or services. So do Film, It has developed rapidly driven in the network. Cinema ticket booking system can be used in both to facilitate users and administrators.

The website conducts the research in view of the online booking system. System architecture from the user interface, business processing and data storage design to complete the three-tier structure. The user interface layer using DREAMWEAVER CS3 for page production and achievement of the links between pages, dynamic pages using PHP language effect to realize the connection with the database to carry out operations. The business processing layer using the Apache server to process the operation, achieve the function. The data storage layer made from the MYSQL relational database management system to data storage,

This paper describes the structure of the system. At first launch systems analysis, design business flow chart and so on, describes the role of functional modules. Introduce the technology and tools. Then the system database design, explain the role of the form and describes each table field names, type and other property. Each depicting how each module functions. Finally, how to test from features performance, availability and security of four aspects.

Key words：E-commerce；Reservation System；PHP；MYSQL

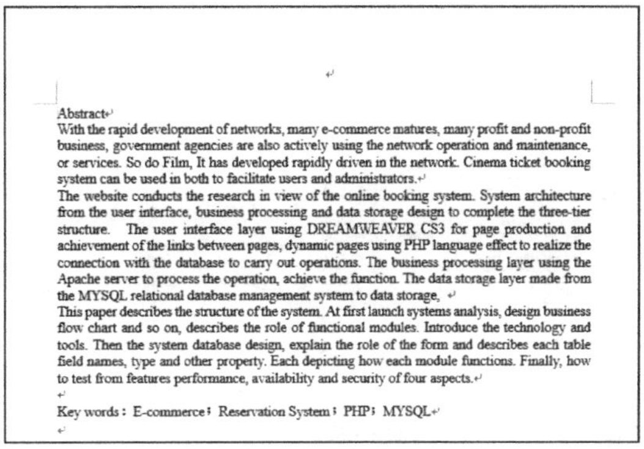

图 4-47 插入分节符效果

4）按照同样的方法，分别在“第三章”“第四章”……“致谢”和“参考文献”前插入“分页符”。

说明：

1）在页面中插入的“分隔符”是不显示的。如果想将分隔符显示在页面上，查看分隔符，则在“视图”选项卡的“视图”组中，单击“大纲视图”，切换到大纲视图可以查看到页面上的“分节符”，如图 4-48 所示。大纲视图只能显示分节符，如果想查看“分页符”，则单击“文件”选项卡中的“选项”，显示“Word 选项”对话框，在“显示”选项卡中，选中“显示所有格式标记”复选框，如图 4-49 所示。单击“确定”按钮，就可以在普通视图下显示“分节符”和“分页符”。

如果想删除分隔符，需要将分隔符全选中，如图 4-48 所示，按〈Delete〉键删除。

2）分节符和分页符都可以起到另起一页的效果，但是两者在概念上有所区别。分页符是指将一页内容分成两页，但分隔后的两页仍属于同一节。例如，正文中第一章的内容和第二章的内容，两部分都属于论文正文。分节符则是将内容分成两节，分离后的两节可以在同一页，也可以不在同一页。例如，摘要和论文正文属于两个不同的节。

3）通过分节符还可以实现多种功能。例如，首页不显示页眉、页码，设置不同的页码格式、不同节显示不同的页眉内容，还可以将文档的不同页面设置成不同的页面尺寸、页边距和纸张方向。

以设置不同纸张方向为例，前后两个页面第一页设置为纵向纸张，第二页设置为横向纸张。如果直接在第二页，然后在“页面布局”选项卡的“纸张方向”组中，单击“纸张方向”并选择“横向”，两个页面都会变成横向页面。需要在两个页面之间插入“下一页”类型分节符，再到第二个页面将纸张方向改为“横向”，就可以将两个页面设置成不同的纸张方向，如图 4-50 所示。

图 4-48　大纲视图

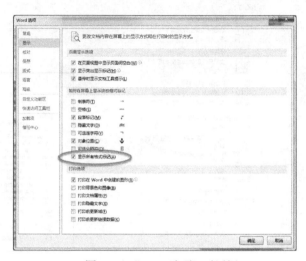

图 4-49　"Word 选项"对话框

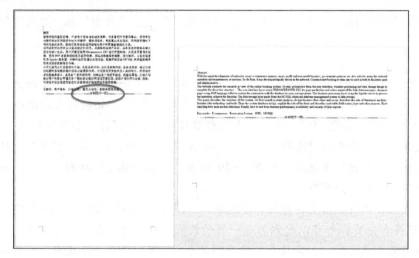

图 4-50　不同纸张方向效果图

【实训 4-17】 应用样式。

长文档文字内容多，需要设置的格式多，在设置格式的时候，如果使用常规方法进行设置，费时费力。可以使用 Word 中的样式，设置一次，自动套用。

1）设置一级标题样式。将内置样式"标题 1"修改为毕业论文"一级标题"要求的样式。在"开始选项卡"的"样式"组中，右击"标题 1"样式，如图 4-51 所示。在弹出的快捷菜单中选择"修改"，显示"修改样式"对话框。

2）在"修改样式"对话框左下角单击"格式"按钮，如图 4-52 所示，在下拉列表中选择"字体"，显示"字体"对话框；设置中文字体为黑体，西文字体为 Times New Roman，字号为三号，字形为加粗，如图 4-53 所示。单击"确定"按钮，返回"修改样式"对话框。

图 4-51 "样式"组

图 4-52 "修改样式"对话框

图 4-53 "字体"对话框

3）再次单击"格式"按钮，在下拉列表中选择"段落"，显示"段落"对话框，设置对齐方式为居中，大纲级别为 1 级，间距为段前 1 行、段后 1 行，行距为单倍行距，如图 4-54 所示，单击"确定"按钮，返回"修改样式对话框"；完成"一级标题"样式的设置，如图 4-55 所示，单击"确定"按钮，关闭"修改样式"对话框。

4）选中"摘要"两个字，将鼠标指针移动到"标题 1"样式选项时，会看到预览效果。单击"标题 1"样式，就可以将该样式应用到"摘要"标题上。

5）重复上一步的操作。将设置好的"一级标题"样式应用到所有标题文字上，论文各章的标题及中英文摘要标题、目录标题、致谢和参考文献均采用论文中"一级标题"的样式。

6）按照 1）～3）步的方法，设置二级标题样式。将内置样式"标题 2"修改为毕业论文"二级标题"要求的样式：中文字体为宋体，西文字体为 Times New Roman，字号四号，字形加粗，对齐方式为左对齐，间距为段前 0.5 行、段后 0.5 行，单倍行距，大纲级别 2 级。

7）将设置好的"二级标题"样式应用到论文所有二级标题文字上。

8）设置三级标题样式。将内置样式"标题 3"修改为毕业论文"三级标题"要求的样式：中文字体为宋体，西文字体为 Times New Roman，字号小四号，字形加粗，对齐方式为左对齐，行距为固定值 20 磅，大纲级别 3 级。将设置好的"三级标题"样式应用到论文所有三级标题文字上。

注意：内置样式"标题 3"默认不显示在"样式"组中的，如图 4-56 所示。"样式"组默认状态没有"标题3"样式。

图 4-54 "段落"对话框

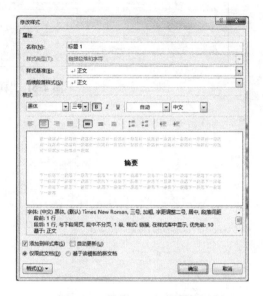

图 4-55 设置"一级标题"样式

图 4-56 "样式"组

在"开始"选项卡的"样式"组的右下角，单击按钮，显示"样式"任务窗格，单击任务窗格下方的"管理样式"按钮，如图 4-57 所示。显示"管理样式"对话框，如图 4-58 所示，可以看到"标题 3（使用前隐藏）"，将"标题 2"样式应用到文档中之后，"标题 3"样式就会显示在"样式"组中了。

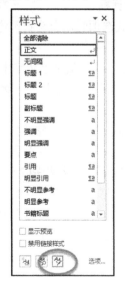

图 4-57 "样式"任务窗格

图 4-58 "管理样式"对话框

【实训 4-18】 新建样式。

正文样式是 Word 中最基本的样式，轻易不要修改它，一旦被修改，会影响所有基于"正文"样式的其他样式的格式。因此，毕业论文的正文样式要使用新建样式来创建。

1）在"开始"选项卡的"样式"组的右下角单击 按钮，显示"样式"任务窗格。单击任务窗格下方的"新建样式"按钮 ，显示"根据格式设置创建新样式"对话框，如图 4-59 所示。

图 4-59 "根据格式设置创建新样式"对话框

2）在"根据格式设置创建新样式"对话框的"属性"选项组中将"名称"修改为"毕业论文正文"，"样式基准"选择"正文"，如图 4-60 所示。根据论文正文内容要求，设置中文字体为宋体，西文字体为 Times New Roman，字号小四号，对齐方式为两端对齐，首行缩进 2 字符，行距为固定值 20 磅。

图 4-60 "属性"选项组

3）将设置好的"毕业论文正文"样式应用到所有正文文字上，论文各章的正文及中英文摘要正文、致谢正文和参考文献正文均采用"毕业论文正文"样式。

【实训 4-19】 自定义样式。

内置样式只有固定的几种样式，数量有限，用户可以根据排版的需要，创建自定义样式。创建样式有以下 3 种方法。

1）在"开始"选项卡"样式"组的右下角单击 按钮，显示"样式"任务窗格。单击任务窗格下方的"新建样式"按钮 ，显示"根据格式设置创建新样式"对话框，如图 4-59 所示。按照格式的要求进行设置。

2）在"开始"选项卡的"样式"组中，如图 4-56 所示，单击"其他"按钮▼，显示全部样式，在下拉框中选择"创建样式"，显示"根据格式设置创建新样式"简单对话框，如图 4-61 所示。根据实际情况修改样式名称，单击"修改"按钮，显示"根据格式设置创建新样式"完整对话框，按照格式的要求进行设置即可。

3）首先选中要应用新样式的文字，按照要求的样式进行设置，设置完成后，保持文字"选中"的状态。打开"样式"任务窗格，单击任务窗格下方的"新建样式"按钮，显示"根据格式设置创建新样式"对话框，设置好的格式就会应用到新创建的样式中，单击"确定"按钮即可完成。

以论文"一级标题"样式为例，选中"摘要"两字，在"开始"选项卡，打开"字体"对话框，设置中文字体为黑体，西文字体为 Times New Roman，字号三号，字形加粗。打开"段落对话框"设置对齐方式为居中，大纲级别 1 级，间距为段前 1 行、段后 1 行，行距为单倍行距。设置完成后，选中"摘要"两字，在"样式"任务窗格，单击"新建样式"按钮。显示"根据格式设置创建新样式"对话框，如图 4-62 所示，已经应用到新样式"样式 1"中了，单击"确定"按钮，新样式就创建完成了，可以在"样式"组中查看到"样式 1"。

图 4-61 "根据格式设置创建新样式"简单对话框

图 4-62 创建"样式 1"

【实训 4-20】 应用其他样式。

在当前 Word 文档中创建的样式，可以在其他 Word 文档或者模板中应用，也可以使用其他文档或模板中的样式，提高排版的效率。常用的样式，可以导入到模板中，在其他文档中使用的时候，直接从模板中导入，就可以使用了，操作步骤如下。

1）将 Word 文档"毕业论文.docx"中的"毕业论文正文"样式导入到模板中。

在"开始"选项卡下"样式"组的右下角，单击 ▣ 按钮，显示"样式"任务窗格，单击任务窗格下方的"管理样式"按钮。显示"管理样式"对话框，单击"导入/导出"按钮，显示"管理器"对话框。

在"管理器"对话框中，打开"样式"选项卡，选择要导入到模板中的样式"毕业论文正文",单击对话框中的"复制"按钮,样式就被导入到模板文件中了,如图 4-63 所示。

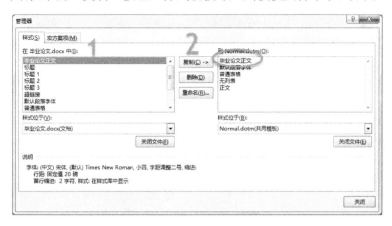

图 4-63　导入模板步骤

　　导入到模板中的样式,可以在其他 Word 文档中直接使用。若新建 Word 文档,可以看到"样式"组中的"毕业论文正文"样式,如图 4-64 所示。

图 4-64　新文档

　　2)将 Word 文档"毕业论文.docx"中的"毕业论文正文"样式导入到其他 Word 文档(新文档.docx)中。

　　在"管理器"对话框中,打开"样式"选项卡,单击"关闭文件"按钮,如图 4-65 所示。关闭模板文件,该按钮会变为"打开文件"按钮,如图 4-66 所示。

图 4-65　"关闭文件"按钮

图 4-66　"打开文件"按钮

　　单击"打开文件"按钮,显示"打开"对话框,找到文档所在位置,单击右下角"所有 Word 模板"按钮,并在下拉列表中选择"所有 Word 文档",如图 4-67 所示,双击"新文档.docx",返回"管理器"对话框,"新文档.docx"显示在右侧"样式位于"列表中,如图 4-68 所示。

　　在"管理器"对话框中的"样式"选项卡中,选择要导入的样式"毕业论文正文",再单击对话框中的"复制"按钮，样式就被导入到"新文档.docx"中，在新文档中就可以直接使用该样式了。

图 4-67 "打开"对话框

从一个文档中复制文字到另一个文档中，文字所应用的样式会同时也复制到另一个文档的"样式"组中。利用格式刷，复制格式时也可以将样式复制到"样式"组中，在实际使用中也可以用这两种方式将样式应用到其他文档中。

【实训 4-21】 设置样式编号。

对于篇幅较长的文档，标题需要使用编号。手动输入的编号，当文档结构变化时，还需要手动修改编号的顺序。可以设置样式编号，给某一类样式自动添加编号。当修改文档结构时，编号也会随着结构的修改自动更新。

例如：为一级标题自动添加"第一章""第二章"……

1）在"开始"选项卡"样式"组的右下角，单击 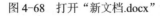 按钮，显示"样式"任务窗格。将光标放在要自动添加编号的样式上，单击级联按钮 ▼，显示对应"样式"下拉菜单，选择"修改"。

2）显示"修改样式"对话框，单击"格式"按钮，如图 4-69 所示，在下拉列表中选择"编号"。

图 4-68 打开"新文档.docx"

图 4-69 "格式"下拉列表

3）显示"编号和项目符号"对话框，如图 4-70 所示，在"编号"选项卡中，单击"定义新编号格式"按钮。

4）显示"定义新编号格式"对话框，如图 4-71 所示。单击"编号样式"下拉列表，选择"一、二、三（简）"。在"编号格式"输入框中输入"第一章"。对齐方式选择"居中"，如图 4-72 所示，单击"确定"按钮。

图 4-70 "编号和项目符号"对话框　　　　图 4-71 "定义新编号格式"对话框

　　注意：编号格式中生成的"一"不要删除，要在"一"前面输入"第"，后面输入"章"，如果手动输入"第一章"三个字，无法自动按顺序添加编号。

　　5）回到"编号和项目符号"对话框，从"编号库"中选择自定义的编号格式，如图 4-73 所示，单击"确定"按钮。回到"修改样式"对话框，单击"确定"按钮，完成样式编号的设置。应用此样式的段落前会自动添加"第一章""第二章"……文档结构修改时，样式编号会自动修改。

图 4-72 修改"编号格式"　　　　　　图 4-73 编号库

【实训 4-22】 设置其他格式。

　　1）按照"中英文摘要"格式的要求，在摘要正文后，间隔一行，将"关键词："
"Key words:"选中，设置中文字体为黑体，西文字体为 Times New Roman、字号四号、字形加粗。

2）将"参考文献"正文部分选中，在"开始"选项卡的"段落"组中，单击 按钮，显示"段落"对话框，在"缩进"选项组中，将"特殊格式"设置为"无"，如图 4-74 所示，取消首行缩进。

图 4-74 特殊格式

【实训 4-23】 自动生成目录。

根据目录格式要求，在英文摘要后，另起一页显示目录，按三级标题生成目录，如图 4-75 所示。在设置各级标题样式的时候，已经预先设置了标题的大纲级别，一级、二级、三级标题大纲级别分别为"1 级""2 级""3 级"，接下来，可以自动生成目录。

图4-75 目录

1）将光标放置在"英文摘要"页结尾的空行中，在"页面布局"选项卡的"页面设置"组中，单击"分隔符"，在下拉列表中选择"下一页"类型分节符，插入新的空白页面。

2）输入"目录"两字，应用"标题 1"样式。

3）将光标放置在目录下一行，在"引用"选项卡的"目录"组中，单击"目录"，在下拉列表中选择"自定义目录"，如图 4-76 所示。

4）显示"目录"对话框，如图 4-77 所示，在"目录"选项卡的"常规"选项中，将显示级别设置为"3"，单击"确定"按钮，将目录插入到页面中。

图 4-76 "目录"下拉列表

图 4-77 "目录"对话框

5）选中目录中的文字，按照目录正文格式要求，将字体设置为宋体，字号五号，对齐方式为右对齐，单倍行距。

【实训4-24】 图、表添加题注。

毕业论文中的图和表都应有编号和名称，接下来为图和表添加题注，Word 文档中的题注可以根据上下文顺序自动编号。编号采用"章节号-序号"的方式，例如，第二章第一幅图编号为"图2-1"。

1）毕业论文中第一幅图是第二章中的"业务流程图"，将图片下方手动输入的"图 2-1业务流程图"删除。选中该图片，在"引用"选项卡的"题注"组中，单击"插入题注"，显示"题注"对话框，如图4-78所示。

2）单击"题注"对话框中的"新建标签"按钮，显示"新建标签"对话框，在"标签"文本框中输入"图2-"，如图4-79所示。

图4-78 "题注"对话框　　　　　　　图4-79 "新建标签"对话框

3）单击"新建标签"对话框中的"确定"按钮，返回到"题注"对话框，可以看到新建立的标签，以及题注的形式，如图 4-80 所示。单击"确定"按钮，将题注插入到图片下方，如图4-81所示。在题注"图2-1"后按〈Space〉键，然后输入图名"业务流程图"。

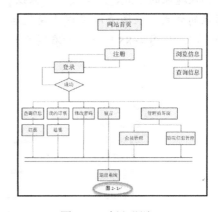

图4-80 题注的形式　　　　　　　图4-81 插入题注

4）插入题注后，"样式"组中会显示"题注"样式，如图 4-82 所示。将"题注"样式修改为毕业论文要求的格式：中文字体为黑体，西文字体为 Times New Roman，字号为小五号，图片对齐方式为居中。

5）对第二章的其他图片添加题注，选中第二幅图，单击"插入题注"，显示"题注"对话框，选择标签"图 2-"，序号会自动排序，显示题注"图 2-2"，单击"确定"按钮。插入第二幅图的题注。

6）第三章的图片需要新建标签"图 3-"，如图 4-83 所示，用同样的方法为其他图插入题注。

图 4-82　显示"题注"样式　　　　　　　　图 4-83　新建"图 3-"标签

7）毕业论文中表的题注需要显示在表格正上方居中位置，其他格式要求与图的题注相同。采用同样的方法，选中表格，在"开始"选项卡的"题注"组中，单击"插入题注"，显示"题注"对话框。将位置设置为"所选项目上方"，如图 4-84 所示。单击"确定"按钮，其余方法和步骤与插入图的题注相同。用同样的方法为其他表插入题注。

说明：

1）使用自动插入题注的方式可以免去为图片编号的步骤，编号自动排序。当需要修改论文时，如果需要调整图的顺序或者插入新的图表，导致图表的序号发生变化，若没有使用自动插入题注的方式，就需要一一修改图表的标签，非常麻烦，而且容易出错。采用自动插入题注的方式，在图表顺序发生变化后，选中所有文本后右击，在弹出的快捷菜单中选择"更新域"，如图 4-85 所示，所有图表的序号会按顺序自动更改，十分方便，且不会出错。

图 4-84　设置题注位置　　　　　　　　图 4-85　右键快捷菜单

2）在毕业论文中，有时候需要为某些文字添加注释加以解释说明，这种注释在 Word 中可以通过插入"脚注"或"尾注"的方式实现。"脚注"位于当前页面的底端，用作对当前页某些文字的解释说明。"尾注"位于文档的最后一页，用来对整篇文章进行解释说明。两者的区别就在于插入的位置不同。

将光标放置在需要添加"脚注"的文字后，在"引用"选项卡的"脚注"组中，如

图 4-86 所示。单击"插入脚注",会在当前页面底端插入脚注,如图 4-87 所示。直接输入解释说明的文字即可。

图 4-86 "脚注"组

图 4-87 页面底端

如果需要插入"尾注",将光标放置在文字后,在"引用"选项卡的"脚注"组中,单击"插入尾注",会在文档结尾插入尾注,如图 4-88 所示。直接在尾注中输入说明文字即可。

图 4-88 文档结尾

【实训 4-25】 交叉引用。

当修改论文时,图表的序号发生变化,通过自动插入题注,题注中图表的序号会按顺序自动更改,但是文章中的图序号不会自动更改,如图 4-89 所示。文章中的序号,需要通过交叉引用的方式实现自动更改。

1)将文章中"如图 2-2 所示"中的"图 2-2"删除,并将光标置于"如"字后面,在"引用"选项卡的"题注"组中,单击"交叉引用",显示"交叉引用"对话框,如图 4-90所示。

2)在"引用类型"下拉列表中选择"图 2-",如图 4-91 所示。在"引用内容"下拉列表中选择"只有标签和编号",如图 4-92 所示,在"引用哪一个题注"中选择"图 2-2 系统模块图",如图 4-93 所示。

3)单击"插入"按钮,插入交叉引用,然后单击"关闭"按钮,关闭"交叉引用"对话框。

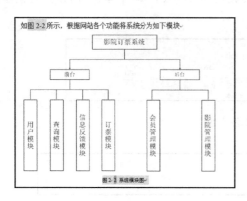

图 4-89　文章中的题注

图 4-90　"交叉引用"对话框

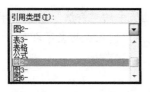

图 4-91　引用类型

图 4-92　引用内容

图 4-93　引用哪一个题注

4）用同样的方法为毕业论文中的其他图片添加"交叉引用"。使用交叉引用添加题注，当图表的顺序发生改变时，选中所有文本后右击，在弹出的快捷菜单中选择"更新域"，图表和文章中的序号都会按顺序自动更改。

【实训 4-26】　插入页码。

毕业论文中，页码分为两部分。第一部分从摘要页开始到目录页结束，使用罗马数字。第二部分从正文开始，使用阿拉伯数字。如果直接插入页码，那么整篇文档的页码都是相同格式的，使用"分节符"可以将不同"节"的页码设置成不同的格式。在前面的工作中，已经插入了"分节符"。接下来，可以直接设置页码。

1）将光标置于中文摘要页，在"插入"选项卡的"页眉和页脚"组中，单击"页脚"，如图 4-94 所示，在下拉列表中选择"编辑页脚"，进入页码编辑状态，光标切换到页脚区域。

2）在"设计"选项卡的"选项"组中，选中"奇偶页不同"复选框，为后续工作做好准备。

3）在"设计"选项卡的"导航"组中，如图 4-95 所示，"链接到前一条页眉"处于选中状态，单击"链接到前一条页眉"，取消链接。封面页与中文摘要页之间的链接被断开，封面页中就可以不显示页码了。

4）在"设计"选项卡的"页眉和页脚"组中，单击

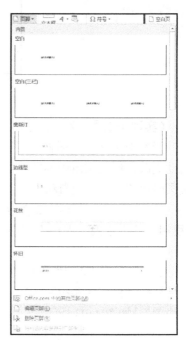

图 4-94　"页脚"下拉列表

"页码",如图 4-96 所示,在下拉列表中选择"设置页码格式"。

图 4-95 "导航"组   图 4-96 "页码"下拉列表

显示"页码格式"对话框,在"编号格式"下拉列表中选择罗马数字格式"Ⅰ,Ⅱ,Ⅲ,…"。选中"起始页码"单选按钮,设置起始页码为"Ⅰ",如图 4-97 所示,单击"确定"按钮,完成页码格式设置,返回页脚编辑区。

5)在"设计"选项卡的"页眉和页脚"组中,单击"页码",在下拉列表中选择"页面底端",显示"页面底端"列表,如图 4-98 所示,从中选择"普通数字 2",在页面底端插入页码。

图 4-97 "页码格式"对话框   图 4-98 "页面底端"列表

6)在"设计"选项卡的"导航"组中,单击"下一节",切换到"英文摘要页"页脚编辑区,此页的页码如果是"2",需要修改页码格式。打开"页码格式"对话框,在"编号格式"下拉列表中选择"Ⅰ,Ⅱ,Ⅲ,…"。选中"续前节"单选按钮,单击"确定"按钮。使用同样的方法,切换到"目录页",将页码格式同样修改为罗马数字格式。

7)设置正文页码格式。切换到正文第一页"第一章 引言"页脚编辑区,打开"页码格式"对话框,在"编号格式"下拉列表中选择"1,2,3,…"。选中"起始页码"单选按钮,设置起始页码为"1",如图 4-99 所示。单击"确定"按钮,正文部分的页码变为阿拉伯数字并且从 1 开始编号。

8)完成页码编辑后,在"设计"选项卡的"关闭"组中,单击"关闭页眉和页脚"按钮,退出页码编辑区。

9）定位到目录页，在目录中右击，在弹出的快捷菜单中选择"更新域"，显示"更新目录"对话框，选中"只更新页码"单选按钮，单击"确定"按钮，将目录更新。如图 4-100 所示，页码分为罗马数字和阿拉伯数字两部分。

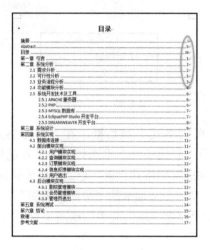

图 4-99　正文页码格式　　　　　　　　图 4-100　更新目录

说明：

1）页码编号格式可以在"页码格式"对话框中选择，而且该对话框中包含多种格式。页码插入的位置也可以根据实际情况进行选择。在"页眉和页脚"组中，单击"页码"，在下拉列表中可以选择"页面顶端""页面底端""页边距""当前位置"4 种位置。

2）如果需要删除页码，可以进入到页脚编辑区，直接将页码内容删除即可。也可以在"页眉和页脚"组中，单击"页码"，在下拉列表中选择"删除页码"。

在当前页面删除页码，与当前页面同属一节的页面中的页码都会被删除。如果只想删除某一页的页码，需要插入"分节符"并断开页面之间的链接。

【实训 4-27】 插入页眉。

毕业论文封面无页眉；正文页眉居中显示，奇数页的页眉中为标题文字，偶数页页眉为"XXXX 大学毕业论文"。

1）奇偶页页眉显示内容不同，需要设置"奇偶页不同"。封面页不显示页眉，需要在封面页与摘要页之间插入"分节符"，这些步骤在之前的操作中已经完成了。

2）将光标置于中文摘要页，在"插入"选项卡的"页眉和页脚"组中，单击"页眉"，在下拉列表中选择"编辑页眉"，进入页眉编辑状态，光标切换到页眉区域。

3）在"设计"选项卡的"导航"组中，单击"链接到前一条页眉"，页眉右侧的 与上一节相同 字样会消失，封面页与中文摘要页之间的链接断开。如果不断开链接，在摘要页页眉区域输入的文字，在封面页页眉区域也会同样显示；删除封面页的页眉，摘要页的页眉同时会被删除。

4）奇数页要显示的页眉为摘要、目录和每一章的标题，这些内容在文档中都是"标题 1"样式，利用这个特点，可以设置为自动变化的页眉。在"插入"选项卡的"文本"组中，单击"文档"，在下拉列表中选择"域"，如图 4-101 所示。

5）显示"域"对话框，如图 4-102 所示。在"类别"下拉列表中选择"链接和引用"，如图 4-103 所示。

图 4-101 "文档部件"下拉列表

图 4-102 "域"对话框

在"域名"列表框中选择"StyleRef"，在"样式名"列表框中选择"标题 1"，在"域选项"中选中"从页面底端向顶端搜索"和"更新时保留原格式"两个复选框，如图 4-104 所示。单击"确定"按钮。奇数页的标题会被引用到页眉区域中，更改标题文字内容时，页眉中的文字也会随之变化。

注意：如果页眉区域中无文字，需要从当前页面底端向上检查是否有"空行"应用了"标题 1"样式。

图 4-103 "类别"下拉列表

6）返回到页眉区域，在"开始"选项卡中的"段落"组中单击"边框"按钮 右侧的▼，在下拉列表中选择"边框和底纹"，显示"边框和底纹"对话框。在"样式"列表中选择"双线"，在"应用于"下拉列表中选择"段落"，在"预览"选项组中单击方向按钮，取消上、左、右三条边框线，只保留下边框线 ，如图 4-105 所示，单击"确定"按钮。

图 4-104 设置"域"

图 4-105 设置下边框

奇数页的页眉就设置完成了，如图 4-106 所示。

图 4-106　奇数页页眉

7）在"设计"选项卡的"导航"组中，单击"下一节"，切换到偶数页"英文摘要页"的页眉区域，直接输入页眉文字"**XXXX 大学毕业论文**"，然后打开"边框和底纹"对话框，按照同样的方法，为偶数页添加下边框。如图 4-107 所示。这样，偶数页的页眉也设置完成了，在"设计"选项卡的"关闭"组中，单击█按钮关闭页眉和页脚，返回到文档正文区域。毕业论文完成所有排版步骤。

图 4-107　偶数页页眉

说明：

1）在"插入"选项卡的"页眉和页脚"组中，单击"页眉"，在下拉列表中显示了Word 内置的多种页眉样式，如图 4-108 所示，可以根据需要从中选择使用。

2）如果需要删除页眉，同删除页码的方法相同。可以进入到页眉编辑区，直接将页码内容删除。也可以在"页眉和页脚"组中，单击"页眉"，在下拉列表中选择"删除页眉"。在当前页面删除页眉，同一节中，其他页面的页眉都会被删除。

3）文档中插入页眉后，在"样式"任务窗格中会显示"页眉"样式，如图 4-109 所示。如果需要修改页眉的格式，可以在"页眉"中进行修改，修改完成后，所有页面的页眉都会应用此样式。

图 4-108　内置页眉样式　　　　图 4-109　"页眉"样式

4）毕业论文中，奇数页页眉显示的页面标题文字，是通过引用"标题 1"样式的文字实现的，如果文章没有此特点，就不能通过插入"引用域"来实现。需要在文章中每章结束后都插入一个"分节符"，将每两个章节之间的链接都断开，相互不受影响，然后再分别输入不同的标题文字。

4.2.3　课后练习

【**练习 4-3**】　参照"毕业论文格式要求"，对"MVC 模式在信息管理中的应用—素材.docx"进行排版。

1）页面设置。

2）使用 Word 内置封面，为论文插入封面，样式任选。

3）使用"分节符"，将毕业论文分成三节，封面为第一节，摘要和目录为第二节，正文为第三节。

4）使用样式，设置毕业论文各级标题及正文的格式。

5）自动生成目录。

6）为图表插图题注，并使用交叉引用。

7）插入页眉和页脚。

4.3　批量生成准考证

4.3.1　任务要求

利用 Word 邮件合并功能，批量生成带照片的准考证，如图 4-110 所示。准考证上包括的项目有姓名、准考证号、考试日期、考试时间、考点名称、考场、座位号和考场规则等内容。

图 4-110　"准考证"效果图

4.3.2 操作步骤

【实训 4-28】 准备素材。

首先准备好进行邮件合并所需的素材，包括准考证模板如图 4-111 所示，考生信息表如图 4-112 所示，考生的照片以考生姓名命名，统一保存到照片文件夹下。

图 4-111 准考证模板

姓名	准考证号	考试日期	考试时间	考点名称	考场	座位号
刘洋	1138530101	2015年5月17日	9:00-11:30	第一中学	第9考场	5
杨增	1138530102	2015年5月17日	9:00-11:30	第十一中学	第7考场	22
岳书薰	1138530103	2015年5月17日	9:00-11:30	第一中学	第8考场	13
高志军	1138530104	2015年5月17日	9:00-11:30	第十一中学	第7考场	11
梁永昌	1138530105	2015年5月17日	9:00-11:30	第十一中学	第1考场	3
李其兵	1138530106	2015年5月17日	9:00-11:30	第一中学	第9考场	13
贾彦龙	1138530107	2015年5月17日	9:00-11:30	第一中学	第1考场	7
李俊镇	1138530108	2015年5月17日	9:00-11:30	第十一中学	第7考场	16
张力宏	1138530109	2015年5月17日	9:00-11:30	第一中学	第3考场	5
许建海	1138530110	2015年5月17日	9:00-11:30	第十一中学	第10考场	25
王迪	1138530111	2015年5月17日	9:00-11:30	第一中学	第9考场	12
陈惠珊	1138530112	2015年5月17日	9:00-11:30	第十一中学	第10考场	16
徐志	1138530113	2015年5月17日	9:00-11:30	第五中学	第10考场	30
陈春	1138530114	2015年5月17日	9:00-11:30	第十一中学	第4考场	1
廖笑	1138530115	2015年5月17日	9:00-11:30	第一中学	第7考场	1
毛书	1138530116	2015年5月17日	9:00-11:30	第五中学	第2考场	26
邱红霞	1138530117	2015年5月17日	9:00-11:30	第一中学	第4考场	4
陈建在	1138530118	2015年5月17日	9:00-11:30	第一中学	第9考场	30
罗婷	1138530119	2015年5月17日	9:00-11:30	第十一中学	第9考场	22
朱南	1138530120	2015年5月17日	9:00-11:30	第五中学	第9考场	16
李鹏	1138530121	2015年5月17日	9:00-11:30	第一中学	第9考场	21
张傲迪	1138530122	2015年5月17日	9:00-11:30	第十一中学	第4考场	3
王杰婷	1138530123	2015年5月17日	9:00-11:30	第一中学	第9考场	2
谷金力	1138530124	2015年5月17日	9:00-11:30	第十一中学	第5考场	1
张琳	1138530125	2015年5月17日	9:00-11:30	第一中学	第7考场	9
李辉	1138530126	2015年5月17日	9:00-11:30	第五中学	第9考场	15
张天领	1138530127	2015年5月17日	9:00-11:30	第一中学	第8考场	12
蔡臣超	1138530128	2015年5月17日	9:00-11:30	第一中学	第2考场	13
曾丽辉	1138530129	2015年5月17日	9:00-11:30	第十一中学	第2考场	24
莫伟焕	1138530130	2015年5月17日	9:00-11:30	第五中学	第6考场	15

图 4-112 考试信息表

【实训 4-29】 打开数据源。

1）打开邮件合并主文档"准考证模板.docx"，在"邮件"选项卡的"开始邮件合并"组中，单击"选择收件人"，在下拉列表中选择"使用现有列表"，如图 4-113 所示。

图 4-113 打开数据源

2）显示"选取数据源"对话框，找到素材所在文件夹，如图 4-114 所示，双击"考生信息表.xlsx"。选择"考生信息表"，如图 4-115 所示，单击"确定"按钮。

【实训 4-30】 插入合并域。

1）将光标放在准考证模板的"姓名:"后，在"邮件"选项卡的"编写和插入域"组中，单击"插入合并域",在下拉列表中选择"姓名",如图4-116所示,插入合并域《姓名》。

图4-114 "选取数据源"对话框　　　　　　　　图4-115 "选择表格"对话框

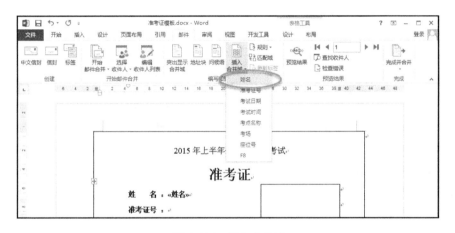

图4-116 插入合并域

2）使用同样的方法,将合并域《准考证号》《考试日期》《考试时间》《考点名称》《考场》《座位号》分别插入到对应标签后,如图4-117所示。

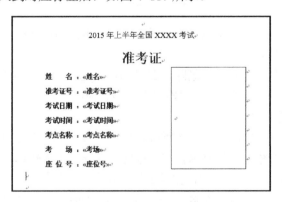

图4-117 插入其他合并域

【实训4-31】 插入图片域。

1）将光标放在插入照片的位置，在"插入"选项卡的"文本"组中，单击"文档部件"，在下拉列表中选择"域"，如图4-118所示。

图4-118 插入文档部件——域

2）显示"域"对话框，在"类别"下拉列表中选择"链接和引用"，在"域名"列表中选择"IncludePicture"，在"文件名或 URL"文本框中输入存放考生照片文件夹的地址及任一照片名称，例如，C:\Users\admin\Desktop\准考证\照片\刘洋.jpg。存放照片的文件夹地址根据实际存放位置填写。选中"更新时保留原格式"复选框，如图4-119所示，单击"确定"按钮。

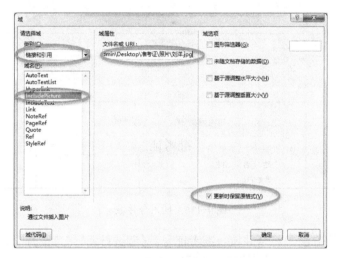

图4-119 "域"对话框

3）插入照片后，将照片大小调整到合适的尺寸，按〈Alt+F9〉组合键，显示文档中所有域代码，如图4-120所示。

4）将照片域代码中的"刘洋"删除，在"邮件"选项卡的"编写和插入域"组中，单击"插入合并域"，在下拉列表中选择"姓名"，插入合并域《姓名》，如图4-121所示。

【实训4-32】 邮件合并。

1）再次按〈Alt+F9〉组合键，隐藏所有域代码。在"邮件"选项卡的"完成"组中，单击"完成并合并"，如图4-122所示。在下拉列表中选择"编辑单个文档"，显示"合并到新文档"对话框，单击"确定"按钮，完成邮件合并。

2）邮件合并后，考生照片还是同一张照片，按〈Ctrl+A〉组合键，选择整篇文档，然后按〈F9〉键，更新所有域，即完成照片的合并。

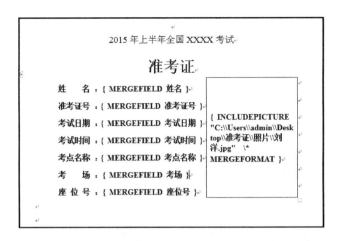

图 4-120　域代码

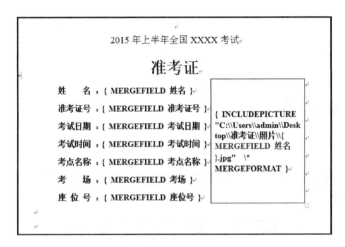

图 4-121　替换姓名域

图 4-122　邮件合并

4.3.3　课后练习

【练习 4-4】　批量生成员工工作证，如图 4-123 所示。

1）准备制作工作证的素材，包括工作证模板、员工信息表和员工照片。员工照片统一以工号为文件名命名，统一存放在工作证照片文件夹中。

2）打开准备好的 Word 文档"工作证模板.docx"。

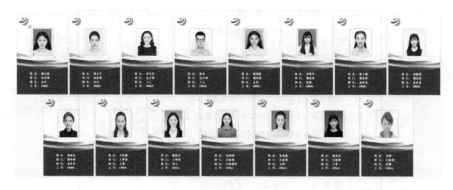

图 4-123　"工作证"效果图

3）打开数据源，使用"员工信息表.xlsx"中的数据。

4）插入合并域，包括"姓名""部门""职位""工号"4 项信息。

5）插入图片域，在"域"对话框的"域名"列表中选择"IncludePicture"，插入员工照片，并根据照片命名规则修改域代码。

6）邮件合并，批量生成工作证，并进行更新。

4.4　批量生成点名册

4.4.1　任务要求

利用 Word 邮件合并功能，在一页批量生成包含多条记录的点名册，包括姓名、性别和图片，如图 4-124 所示。

姓名	性别	照片	姓名	性别	照片
王天阳	男		尚永松（休学）	女	
张南玲	女		吴大林	男	
钟嘉吉	男		陈家磊	男	
李畅	女		刘刚	男	
张天军	男		张金龙	男	
李海彦	男		李岳	男	
谭忆	女		张玉龙	女	
陈明	男		杨占斌	男	
张妍	女		苗长见	男	
吕路平	男		赵义海（休学）	男	
董树文	男		李淼	女	
徐华	男		许小明	男	
张立娟	女		郑仲扬	女	
罗颖	女		吴小华	女	
侯浪瑗	女		钟月	女	

图 4-124　"点名册"效果图

4.4.2 操作步骤

【实训 4-33】 准备素材

首先准备好进行邮件合并所需要的素材，包括学生信息表如图 4-125 所示，以及每名学生的照片，学生的照片以姓名命名，统一保存到照片文件夹下，如图 4-126 所示。

学号	姓名	性别	备注
20162201	王天阳	男	
20162202	肖永松	女	休学
20162203	张南玲	女	
20162204	吴大林	男	
20162205	钟嘉吉	男	
20162206	陈家磊	男	
20162207	李畅	女	
20162208	刘刚	男	
20162209	张天军	男	
20162210	张金龙	男	
20162211	李海彦	男	
20162212	李岳	男	
20162213	谭忆	女	
20162214	张玉龙	女	

图 4-125　学生信息表

图 4-126　"照片"文件夹

【实训 4-34】 创建"点名册"主文档

1）新建并打开 Word 文档"点名册.docx"，在"插入"选项卡中单击"表格"，插入一行六列的表格。

2）将光标放在第一个单元格中，在"布局"选项卡的"单元格大小"组中，将第一个单元格高度设置为 1 厘米，宽度设置为 3.2 厘米，如图 4-127 所示。其他 5 个单元格高度均为 1 厘米，宽度分别为 1.6 厘米、2.4 厘米、3.2 厘米、1.6 厘米和 2.4 厘米。

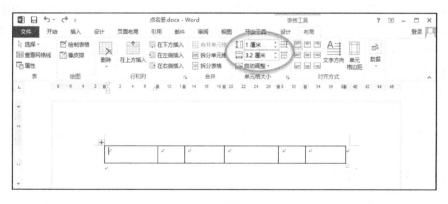

图 4-127　设置单元格大小

3）将表格内文字对齐方式设置为水平居中。选中整个表格，在"布局"选项卡的"对齐方式"组中，单击"水平居中"按钮 。

【实训 4-35】 打开数据源

1）在"邮件"选项卡的"开始邮件合并"组中，单击"选择收件人"，在下拉列表中选择"使用现有列表"。

2）显示"选取数据源"对话框，找到素材所在文件夹，双击"学生信息表.xlsx"，选择"学生信息表"，单击"确定"按钮。

【实训 4-36】 插入合并域

将光标放在第一个单元格中，在"邮件"选项卡的"编写和插入域"组中，单击"插入合并域"，在下拉列表中选择"姓名"，插入合并域《姓名》。在第二个单元格中，插入合并域《性别》，如图 4-128 所示。

图 4-128　插入合并域

【实训 4-37】 插入图片域

1）将光标放在第三个单元格中，在"插入"选项卡的"文本"组中，单击"文档部件"，在下拉列表中选择"域"。

2）显示"域"对话框，在"类别"下拉列表中选择"链接和引用"，在"域名"列表中选择"IncludePicture"，在"文件名或 URL"文本框中输入存放考生照片文件夹的地址及任一照片名称，例如，C:\Users\admin\Desktop\点名册\照片\王天阳.jpg。存放照片的文件夹地址根据实际存放位置填写。选中"更新时保留原格式"复选框，单击"确定"按钮。

3）插入照片后，单击图片，在"格式"选项卡的"大小"组中，将图片高度和宽度均设置为 1.01 厘米。

4）按〈Alt+F9〉组合键，显示文档中所有域代码。将照片域代码中的"王天阳"删除，在"邮件"选项卡的"编写和插入域"组中，单击"插入合并域"，在下拉列表中选择"姓名"，插入合并域《姓名》。

【实训 4-38】 插入规则

1）将光标放在第一个单元格《姓名》域后面，在"邮件"选项卡的"编写和插入域"组中，单击"规则"，在下拉列表中选择"如果…那么…否则"，如图 4-129 所示。

2）显示"插入 Word 域"对话框，"域名"选择"备注"，"比较条件"选择"等于"，在"比较对象"文本框中输入"休学"，在"则插入文字"文本框中输入"（休学）"，如图 4-130 所示。单击"确定"按钮。

设置完成后效果如图 4-131 所示。

3）按〈Alt+F9〉组合键，隐藏所有域代码。将前 3 个单元格中的内容，复制到后 3 个单元格中，如图 4-132 所示。

4）将光标放在第 4 个单元格《姓名》域前面，在"邮件"选项卡的"编写和插入域"

组中，单击"规则"，在下拉列表中选择"下一记录"，如图 4-133 所示，就可以在第二组单元格中显示第二条记录。

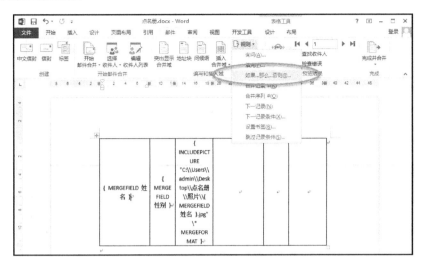

图 4-129　插入规则

图 4-130　"插入 Word 域"对话框

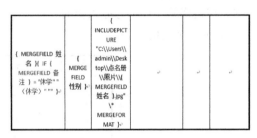

图 4-131　插入规则效果图

图 4-132　复制单元格

图 4-133　插入下一记录

【实训 4-39】　邮件合并

1）在"邮件"选项卡的"开始邮件合并"组中，单击"开始邮件合并"，在下拉列表中选择"目录"，如图 4-134 所示。即可以在一页生成多条记录。

2）在"邮件"选项卡的"完成"组中，单击"完成并合并"，在下拉列表中选择"编辑单个文档"，如图 4-135 所示。显示"合并到新文档"对话框，单击"确定"按钮，完成邮件合并。

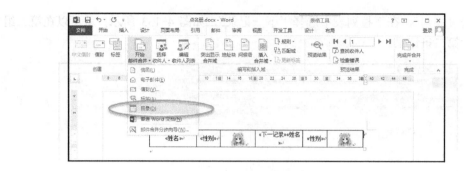

图 4-134　设置邮件合并方式

图 4-135　邮件合并

3）邮件合并后，学生照片还是同一张照片，按〈Ctrl+A〉组合键，选择整篇文档，然后按〈F9〉键，更新所有域，即完成照片的合并。

4）在表格第一行上方插入新的一行，填写表头信息"姓名""性别""照片"如图 4-136 所示，完成点名册的制作。

姓名	性别	照片	姓名	性别	照片
王天阳	男		肖永松（休学）	女	
张南玲	女		吴大林	男	
钟嘉吉	男		陈辰磊	男	
李畅	女		刘刚	男	
张天军	男		张金龙	男	
李海彦	男		李岳	男	
谭忆	女		张玉龙	女	
陈明	男		杨占斌	男	
张妍	女		苗长见	男	
吕路平	男		赵义海（休学）	男	
董树文	男		李森	女	
徐华	男		许小明	男	
张立娟	女		郑钟扬	女	
罗颖	女		吴小华	女	
侯淑媛	女		钟月	女	

图 4-136　点名册

4.4.3　课后练习

【练习 4-5】批量生成学生图书证，如图 4-137 所示。

图 4-137 "图书证"效果图

1）准备好制作图书证的素材，包括图书证模板、图书证信息表和学生照片。学生照片统一以图书证信息表中"照片"列的内容为文件名命名，统一存放在照片文件夹中。

2）打开准备好的 Word 文档"图书证模板.docx"。

3）打开数据源，使用"图书证信息表.xlsx"中的数据。

4）插入合并域，包括"编号""姓名""院系"3 项信息。

5）插入图片域，在"域"对话框的"域名"列表中选择"IncludePicture"，插入员工照片，并根据照片命名规则修改域代码。

6）插入邮件合并规则。

7）邮件合并，批量生成图书证，并进行更新。

4.5 习题与解答

一、选择题

1．当前编辑的 Word 文件名为"报告"，修改后另存为"总结"，则（　B　）。

  A．"报告"是当前文档　　　　　　　B．"总结"是当前文档

  C．"报告"和"总结"都被打开　　　　D．"报告"改为临时文件

2．Word 中当用户在输入文字时，在（　B　）模式下，随着输入新的文字，后面原有的文字将会被覆盖。

  A．插入　　　　　　B．改写　　　　　　C．自动更正　　　　　D．断字

3．在 Word 中，段落标记是在文本输入时按下（　B　）键形成的。

  A．〈Shift〉　　　　B．〈Enter〉　　　　C．〈Alt〉　　　　　D．〈Esc〉

4．在 Word 文档中，每个段落都有自己的段落标记，段落标记的位置在（　B　）。

  A．段落的首部　　　　　　　　　　B．段落的结尾部

  C．段落的中间位置　　　　　　　　D．段落中，但用户找不到

5．在 Word 的编辑状态下，进行"粘贴"操作的组合键是（　C　）。

  A．〈Ctrl+X〉　　　B．〈Ctrl+C〉　　　C．〈Ctrl+V〉　　　　D．〈Ctrl+A〉

6．在 Word 中，当前插入点在表格某行的最后一个单元格内，按〈Enter〉键后（　A　）。

    A．插入点所在的行增高　　　　　　B．插入点所在的列加宽

    C．在插入点下一行增加一行　　　　D．将插入点移到下一个单元格

7．Word 中左右页边距是指（　A　）。

    A．正文到纸的左右两边之间的距离　B．屏幕上显示的左右两边的距离

    C．正文和显示屏左右之间的距离　　D．正文和 Word 左右边框之间的距离

8．Word 关于"艺术字"的说法中，正确的是（　C　）。

    A．选中的文本，通过"字体"对话框可直接设置为"艺术字"

    B．添加"艺术字"需要执行插入"文本框"命令

    C．"艺术字"是被作为图形对象来处理的

    D．设置好的"艺术字"只能改变其大小，其字体、字形不能再被改变

9．在 Word 中，插入的图片与文字之间的环绕方式不包括（　B　）。

    A．上下型　　　　　B．左右环绕　　　C．四周型　　　　D．紧密型

10．在 Word 中，要使艺术字和图片叠加，在艺术字和图片的格式中不能选择（　C　）方式。

    A．四周型　　　　B．紧密型　　　　C．嵌入型　　　　D．穿越型

11．在 Word 编辑时，文字下面有红色波浪下划线表示（　C　）。

    A．已修改过的文档　　　　　　　　B．对输入的确认

    C．可能是拼写错误　　　　　　　　D．可能的语法错误

【解析】　在用 Word 编辑时，文字下面的红色波浪下划线表示可能有拼写错误，绿色波浪下划线表示可能有语法错误。

二、操作题

1．试对"网络通信协议"文字进行编辑、排版和保存（文档 1.docx），具体要求如下。

1）将标题段（"网络通信协议"）文字设置为三号、红色、黑体、加粗、居中，字符间距加宽 3 磅，并添加阴影效果，阴影效果的"预设"值为"内部右上角"。首行缩进 0字符。

2）将正文各段落（"所谓网络……交谈沟通。"）文字设置为 5 号宋体；设置正文各段落左、右各缩进 4 字符，首行缩进 2 字符。

3）在页面底端（页脚）居中位置插入页码，并设置起始页码为"III"。

4）将文中后 4 行文字转换为一个 4 行 5 列的表格，设置表格居中，表格列宽为 4.5 厘米、行高为 0.7 厘米，表格中所有文字"水平居中"。

5）设置表格外线为 1.5 磅绿色单实线、内框线为 0.5 磅绿色单实线；按"平均成绩"列（依据"数字"类型）降序排列表格内容。

网络通信协议

    所谓网络通信协议是指网络中通信的双方进行数据通信所约定的通信规则，如何时开始通信、如何组织通信数据以使通信内容得以识别、如何结束通信等。这如同在国际会议上，必须使用一种与会者都能理解的语言（例如，英语、世界语等），才能进行彼此的交谈沟通。

学生成绩名单

姓名	英语	语文	数学	平均成绩
张甲	69	87	76	
李乙	89	72	90	
王丙	92	89	78	

网络通信协议

所谓网络通信协议是指网络中通信的双方进行数据通信所约定的通信规则，如何时开始通信、如何组织通信数据以使通信内容得以识别、如何结束通信等。这如同在国际会议上，必须使用一种与会者都能理解的语言（例如，英语、世界语等），才能进行彼此的交谈沟通。

学生成绩名单

姓名	英语	语文	数学	平均成绩
王丙	92	89	78	86.33
李乙	89	72	90	83.67
张甲	69	87	76	77.33

2. 试对"网络通信协议"文字进行编辑、排版和保存（文档 2.docx），具体要求如下。

1）将标题段（"网络通信协议"）文字设置为红色二号黑体、加粗、居中，并添加波浪下划线（"～～～"），浅绿色底纹。首行缩进 0 字符。

2）设置正文各段落（"所谓网络……交谈沟通。"）文字为 5 号宋体；1.25 倍行距，段后间距 0.5 行。设置正文各段落首行缩进 2 字符。

3）设置页面"纸张"为"16 开（18.4 厘米×26 厘米）"，设置上、下页边距各 3 厘米。

4）将文中后 4 行文字转换为一个 4 行 5 列的表格，设置表格居中，表格列宽为 5 厘米、行高为 0.6 厘米，表格中所有文字"水平居中"。

5）设置表格所有框线为 0.75 磅红色双窄线；为表格第一行添加"白色、背景 1、15%"的灰色底纹；按"姓名"列（依据"拼音"类型）升序排列表格内容。

三、实训题

1. 参考下面样张，设计一张班报。纸张可设置为 A3 横放。

2. 按下列要求设置页面和样式。

① 页面要求。A4（21 厘米 ×29.7 厘米）纸，其他采用默认设置。

② 正文文字为小四号宋体。

③ 页眉和页脚，奇偶页不同。

④ 每一章中的标题样式都相同，采用 4 级标题，各级标题样式要求如下。

第 1 章　XXXX（一级标题，标题 1）

1.1　XXXX（二级标题，标题 2）

1.1.1　XXXX（三级标题，标题3）

1．XXXX（四级标题，标题4）

（1）XXXX（正文字体）

XXXXXXXXXX。（正文字体，后续文字接排）

① XXXXXXXXX。（正文字体，后续文字接排）

标题1的样式：幼圆二号加粗，居中，段前30磅、段后18磅。首行缩进0字符。

标题2的样式：黑体小三加粗，居左，段前6磅、段后6磅，与下段同页，段中不分页，首行缩进0字符。基于正文，后续样式正文。

标题3的样式：幼圆四号，加粗，居左，首行缩进0字符，与下段同页。

标题4的样式：黑体，英文Franklin Gothic Book，四号加粗，首行缩进2字符。

正文样式：中文宋体，英文Times New Roman，小四号，两端对齐；单倍行距，首行缩进2字符。

页码样式：Times New Roman，五号；底端，外侧。

定义和应用标题样式，并抽取4级目录。

第5章 Excel电子表格软件实训

5.1 制作学生成绩表

本节以制作学生成绩表为例，介绍 Excel 的数据录入、数据处理和数据输出。用到的 Excel 功能有数据录入、数据类型、单元格的设置、公式与函数、多工作表、单元格的引用、数据排序和数据筛选等内容。

5.1.1 任务要求

某班考试 4 门课程，分别为"大学计算机基础""大学英语""高等数学"和"哲学"，任课教师分别录入自己教学课程的成绩，班主任收集得到 4 个 Excel 文件，分别为"大学计算机基础-成绩表.xlsx""大学英语-成绩表.xlsx""高等数学-成绩表.xlsx"和"哲学-成绩表.xlsx"，如图 5-1～图 5-4 所示。

图 5-1 大学计算机基础-成绩表.xlsx   图 5-2 大学英语-成绩表.xlsx

现在班主任需要把这 4 个文件中的 4 门考试成绩整理到一个新的工作簿文件中，得到"20193449 班第 1 学期各科成绩表.xlsx"，如图 5-5 所示。

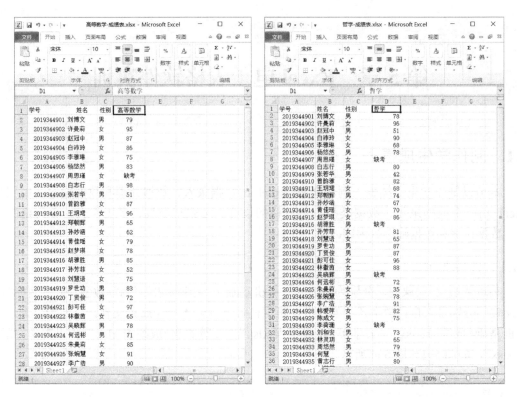

图 5-3 高等数学-成绩表.xlsx   图 5-4 哲学-成绩表.xlsx

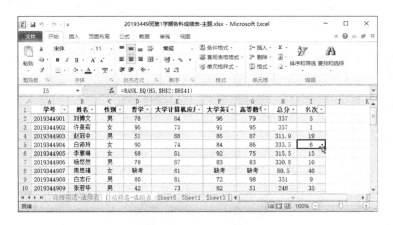

图 5-5 20193449 班第 1 学期各科成绩表.xlsx

5.1.2 操作步骤

1．输入单科成绩

【实训 5-1】 新建工作簿文件。

一个.xlsx 文件就是一个 Excel 工作簿。一个 Excel 工作簿文件中，包括多个工作表。

1）启动"文件资源管理器"，在 C:\新建一个工作文件夹，并将其命名为"成绩"。把 4 个 Excel 文件复制到该文件夹中，如图 5-6 所示。

图 5-6　工作文件夹

2）启动 Excel 程序。

3）单击快速启动工具栏上的"保存"按钮█，如图 5-7 所示。

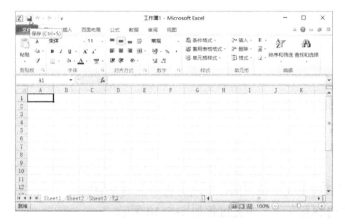

图 5-7　"保存"按钮

4）显示"另存为"对话框，如图 5-8a 所示。在"文件名"文本框中输入"20193449 班第 1 学期各科成绩表"，Excel 在保存文档时自动加上扩展名.xlsx。在对话框左侧的导航窗格中浏览到保存的文件夹"成绩"，单击"保存"按钮，如图 5-8b 所示。

a)　　　　　　　　　　　　　　　　　　b)

图 5-8　"另存为"对话框

【**实训 5-2**】 自动填充学号。

由于学号有一定规律，而且是连续的，所以可以采用填充的方法。

1）在当前打开的 Sheet1 工作表中，单击 A1 单元格，输入"'大学计算机基础'课程-学生成绩表"。单击 A2 单元格，输入"学号"；单击 B2 单元格，输入"姓名"；单击 C2 单元格，输入"性别"。

2）单击 A3 单元格，把输入法切换到英文，输入英文单引号'后输入 2019344901，按〈Enter〉键。

3）如果单元格中内容的宽度超过单元格，把鼠标指针放到"列表"分隔线上，待光标变为⫶时，向右拖动，如图 5-9 所示。

图 5-9　改变单元格的宽度

4）单击 A3 单元格，把鼠标指针指向该单元格的填充柄，当鼠标指针变为黑十字时，按住鼠标左键不松开向下拖动填充柄，拖动过程中在填充柄的右下角出现填充的数据，拖拽到目标单元格时松开鼠标左键，填充过程如图 5-10 所示。

图 5-10　填充过程

【**实训 5-3**】 输入姓名。

由于姓名没有规律，只能一个单元格一个单元格地输入。单击"姓名"列的单元格，输入与学号对应的姓名。

【**实训 5-4**】 输入性别。

性别只有"男""女"两个值，可以采用填充实现快速输入。

1）因为该班女同学多，所以这里以先输入"女"为例来输入。单击 C3 单元格，在 C3 单元格中输入"女"，如图 5-11 所示。虽然该单元应该输入"男"，但为了后面更改方便，这里暂时输入"女"。

2）双击 C3 单元格的填充柄，这时"性别"列中的单元格内容全部填充为"女"，如图 5-12 所示。

图 5-11　输入性别"女"

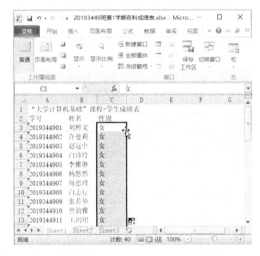

图 5-12　双击填充柄

3）单击任意一个应该改为"男"的单元格。按下〈Ctrl〉键不松开，分别单击其他要更改的单元格。在被选中的最后一个单元格中输入"男"（可以不是行号最大的单元格），如图 5-13 所示。

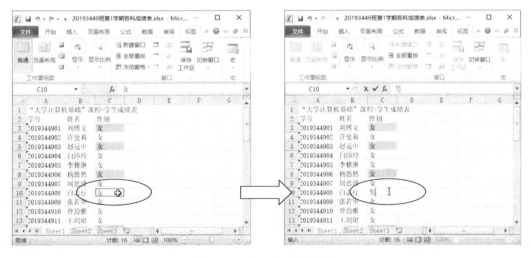

图 5-13　输入要更改的内容

4）按〈Ctrl+Enter〉键，则所有被选中单元格的内容同时变为"男"，如图 5-14 所示。

【实训 5-5】　输入成绩。

输入平时成绩、期中考试成绩和期末考试成绩。由于需要输入的成绩多，在输入的过程中很容易看错行，输错数据。为了减少输入错误，下面采用选定单元格区域进行快速输入的方法，例如每次选定 3 行 3 列。请打开"大学计算机基础-成绩表.xlsx"文件，对照着输入。

图 5-14　更改后

1）单击 D3 单元格，向下向右拖动到 F5 单元格，此时选中 D3:F5 单元格区域，其中 D3 单元格是活动单元格，如图 5-15 所示。

2）在 D3 单元格中输入 90。按〈Tab〉键移动活动单元格到右边的 E3 单元格，输入 85。再次按〈Tab〉键，在 F3 单元格中输入 90。再按〈Tab〉键时，活动单元格移到下一行的第一个单元格 D4，输入数据，如图 5-16 所示。

图 5-15　选定输入数据的区域

图 5-16　在区域中输入数据

在选定单元格区域中输入数据时，只能使用〈Tab〉键（向右移动）、〈Shift+Tab〉键（向左移动）、〈Enter〉键（向下移动）和〈Shift+Enter〉键（向上移动）。不能使用鼠标单击任何单元格，不能用编辑键移动（〈↑〉、〈↓〉、〈←〉、〈→〉键），否则选定的单元格区域将被取消。

3）按照上面介绍的方法，选定其他需要输入成绩的区域，输入成绩。

【实训 5-6】　计算总成绩。

总成绩的计算公式是：平时成绩*50%+期中考试成绩*20%+期末考试成绩*30%。

1）单击 G3 单元格，在单元格中输入=，如图 5-17 所示。

2）继续在 G3 单元格中输入 d3*0.5+e3*0.2+f3*0.3，如图 5-18 所示，公式中不区别大小写。注意，输入法要切换到英文半角状态。

图 5-17　输入=

图 5-18　输入公式

也可以在输入=后，单击 D3 单元格，然后输入*0.5。再单击 E3 单元格，输入*0.2。然后单击 F3 单元格，输入*0.3。

3）按〈Enter〉键或者单击"编辑栏"上的"输入"按钮✔，确认输入。此时该单元中将显示计算结果，如图 5-19 所示。

4）双击 G3 单元格的填充柄，把 G3 单元格的计算公式复制到该列的其他单元格中，如图 5-20 所示。

图 5-19　计算结果

图 5-20　复制公式

【实训 5-7】　将总成绩改为整数。

如果要求总成绩必须是整数，则可以通过减少小数位数来实现。

1）选中 G3:G42 单元格区域，如图 5-21 所示。

2）在"开始"选项卡的"数字"组中，先单击"增加小数位数"按钮，把所有数增加一个小数，如图 5-22 所示。然后再单击"减少小数位数"按钮，把小数改为整数，如图 5-23 所示。

【实训 5-8】　更改工作表名称。

工作表的名称在默认情况下是"Sheet1""Sheet2"和"Sheet3"3个。如果一个Excel工作簿文件中含有多个工作表，应该把工作表名称改为有意义的名称。

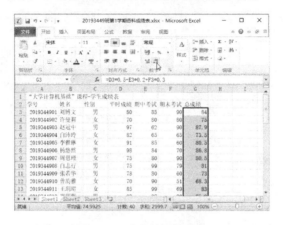

图5-21 选中单元格区域

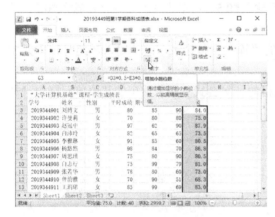

图5-22 增加小数位数

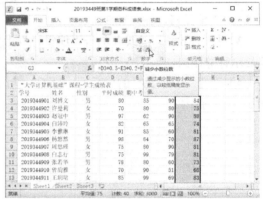

图5-23 减少小数位数

1）在Excel文档窗口左下角，双击工作表标签"Sheet1"，使之呈现黑底白字显示，如图5-24所示。

2）输入新的工作表名称"大学计算机应用"，输入完成后按〈Enter〉键，如图5-25所示。

图5-24 双击工作表名称

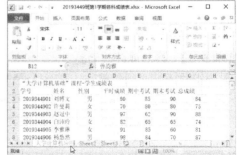

图5-25 输入新的工作表名称

【实训5-9】 保存工作簿文件。

为了减少断电、死机等故障造成的数据丢失，应该经常保存文档。可以时常单击"保存"按钮🔲，也可以设置为自动保存。

1）单击"文件"菜单，在"文件"菜单中单击"选项"，显示"Word选项"对话框。

2）在左侧窗格中单击"保存"。在右侧窗格中，在选中"保存自动恢复信息时间间隔"复选框后，调整"分钟"为1，如图5-26所示，单击"确定"按钮。

图5-26 "Word选项"对话框

2．合并工作表

合并工作表就是把一个工作簿中的工作表复制到另一个工作簿中。

【实训5-10】 移动或复制工作表。

把"大学英语-成绩表.xlsx""高等数学-成绩表.xlsx"和"哲学-成绩表.xlsx"3个工作簿中的考试成绩，复制到"20193449班第1学期各科成绩表.xlsx"工作簿文件中。

1）分别打开"20193449 班第 1 学期各科成绩表.xlsx"和"大学英语-成绩表.xlsx"文件。

2）把"大学英语-成绩表.xlsx"的 Sheet1 作为当前工作表，也就是源表。在 Sheet1 标签上右击，显示其快捷菜单，如图 5-27 所示，在快捷菜单中选择"移动或复制"选项，显示"移动或复制工作表"对话框，如图 5-28 所示。

3）在显示"移动或复制工作表"对话框中，单击"工作簿"下拉列表，选择"20193449 班第 1 学期各科成绩表.xlsx"作为目标表；在"下列选定工作表之前"列表框中，选择"Sheet2"。同时选中"建立副本"复选框，如图 5-29 所示，单击"确定"按钮。

如果未选中"建立副本"复选框，执行的操作就是移动工作表。

4）这时当前工作表变为"20193449 班第 1 学期各科成绩表.xlsx"工作簿的"Sheet1"，其内容为复制过来的大学英语考试成绩，如图 5-30 所示。

5）在"开始"选项卡的"单元格"组中，单击"格式"，显示其下拉菜单，如图 5-31 所示。

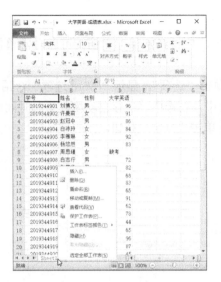

图 5-27 工作表标签的快捷菜单

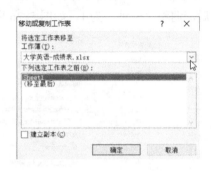

图 5-28 "移动或复制工作表"对话框

图 5-29 目标工作簿的"移动或复制工作表"对话框

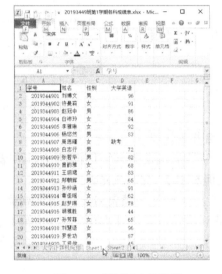

图 5-30 复制过来的数据

6）在下拉菜单的"组织工作表"组中，单击"重命名工作表"选项。这时 Sheet1 变为黑底白字，输入新的工作表名称"大学英语"，按〈Enter〉键确认。

【实训 5-11】 复制和粘贴工作表。

如果需要合并的数据比较少，采用复制和粘贴会更方便。

1）分别打开"20193449 班第 1 学期各科成绩表.xlsx"和"高等数学-成绩表.xlsx"文件。

2）在 Windows 任务栏上单击"高等数学-成绩表.xlsx"，在 Sheet1 中单击工作表左上角的"全选"按钮，按〈Ctrl+C〉键把选中的内容复制到剪贴板，被选中的工作表区域边框出现闪动的虚线框，如图 5-32 所示。

3）在 Windows 任务栏上单击"20193449 班第 1 学期各科成绩表.xlsx"，单击一个空白工作表的标签，如图 5-33 所示。

图 5-31 "格式"菜单

图 5-32 复制选定的工作表（源）

图 5-33 打开目标工作表（目标）

4）单击 A1 单元格，设置开始复制的单元格。按〈Ctrl+V〉键，把数据粘贴到当前工作表中，如图 5-34 所示。

5）把当前工作表的标签名改为"高等数学"。

【实训 5-12】 使用鼠标拖动方法复制工作表。

把"哲学-成绩表.xlsx"中的成绩复制到"20193449 班第 1 学期各科成绩表.xlsx"文件中。

1）如果使用鼠标拖动方法在不同工作簿之间复制或移动工作表，则必须同时打开两个工作簿窗口，并且在显示器上同时可见。单击切换到任何一个工作表，在"视图"选项卡的"窗口"组中，单击"全部重排"，如图 5-35 所示。

2）显示"重排窗口"对话框，如图 5-36 所示，单击"平铺"单选按钮，单击"确定"

按钮。

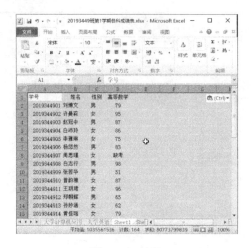

图 5-34　粘贴

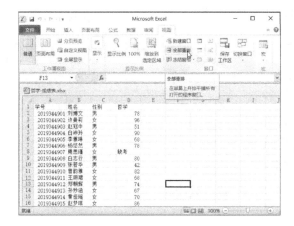

图 5-35　"重排窗口"命令

图 5-36　"重排窗口"对话框

重排的平铺窗口如图 5-37 所示。

图 5-37　重排窗口

3）在源工作簿中选择工作表标签后，按住鼠标左键拖动到目标工作簿，当黑色三角到达目标位置后松开鼠标。"哲学"工作表已经移到汇总表中，如图5-38所示。

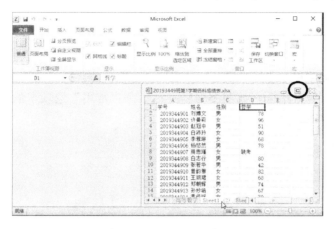

图 5-38　移动后的工作簿

4）更改工作表名为"哲学"。

5）单击工作表文档窗口的最大化按钮，使之撑满 Excel 窗口。

【实训 5-13】　在当前工作簿中移动工作表。

在当前工作簿中移动工作表就是在当前工作簿中调整工作表标签的先后顺序。在"20193449 班第 1 学期各科成绩表.xlsx"文件中，把 4 个工作表标签的显示顺序调整为"大学英语""哲学""高等数学""大学计算机应用"。

1）单击工作表标签"大学英语"，按下鼠标左键不松开，向左或向右拖动，这时工作表标签左上角出现一个黑色小三角，鼠标指针变为移动样式，如图5-39所示。

图 5-39　调整工作表标签的顺序

2）拖动鼠标，当黑色三角到达目标位置后松开鼠标左键。

【实训 5-14】　在当前工作簿中复制工作表。

如果要在当前工作簿中复制工作表，其操作方法与移动工作表相似，只是在拖动工作表标签时要先按下〈Ctrl〉键不松开，这时鼠标指针显示为带"+"号的图形。到达目标位置后，要先松开鼠标左键，然后再松开〈Ctrl〉键。

一般来说，在不同工作簿中复制或移动工作表，使用"移动或复制"最方便；在同一个工作簿中复制或移动工作表，使用鼠标拖动的方法比较简单。

3．制作各科成绩汇总表

为了便于计算、统计和分析各科的考试成绩，需要把学号、姓名、性别及各科总成绩放在一个工作表中。

【实训 5-15】 插入工作表。

1）打开"20193449 班第 1 学期各科成绩表.xlsx"文件，在要插入位置的工作表标签上右击，在弹出的快捷菜单上选择"插入"，如图 5-40 所示。

2）显示"插入"对话框，如图 5-41 所示，在"常用"选项卡的列表中选择"工作表"，单击"确定"按钮。

图 5-40　工作表标签的快捷菜单　　　　　　　　　　图 5-41　"插入"对话框

3）把新插入的工作表标签名称改为"各科成绩汇总表"。

如果要一次添加多个工作表，应先选定与要插入工作表数量相同的工作表标签（先按下〈Ctrl〉键不松开，再单击工作表标签，然后松开〈Ctrl〉键）。然后在"开始"选项卡的"单元格"组中，单击"插入"后的按钮，从其菜单中单击"插入工作表"，如图 5-42 所示。这时插入工作表的数量与选中的工作表的数量相等。

图 5-42　插入多个工作表

【实训5-16】 单元格数据的复制与粘贴。

在"20193449 班第 1 学期各科成绩表.xlsx"中，把"大学英语"工作表中的"学号"
"姓名""性别"和"大学英语"的数据记录复制到"各科成绩汇总表"工作表中。

1）在"大学英语"工作表中，选定要复制的单元格区域 A1:D41。

2）在"开始"选项卡的"剪贴板"组中，单击"复制"按钮 ，或者直接按〈Ctrl+
C〉键。选定的单元格区域的四周出现一个闪烁的虚线框，如图 5-43 所示。

图 5-43　复制单元格区域

3）单击"各科成绩汇总表"标签，切换到该工作表。在该工作表上单击 A1 单元格。

4）在"开始"选项卡的"剪贴板"组中，单击"粘贴"按钮。复制过来的数据如图 5-44
所示。

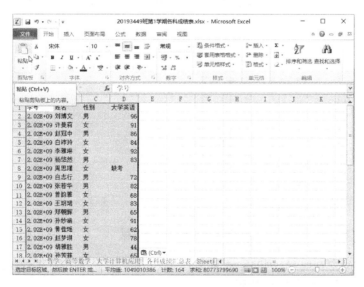

图 5-44　粘贴单元格区域

5）由于"哲学"工作表中的学生顺序与"大学英语"工作表中的学生顺序完全相同，所以可以把"哲学"工作表中的"哲学"列的数据复制到"各科成绩汇总表"中。在"哲学"工作表中选中 D1:D41 单元格区域，按〈Ctrl+C〉键，把选定区域复制到剪贴板上，如图 5-45 所示。

图 5-45　复制选定区域

6）切换到"各科成绩汇总表"工作表，单击 E1 单元格。按〈Ctrl+V〉键，把剪贴板的内容粘贴到当前工作表中，如图 5-46 所示。

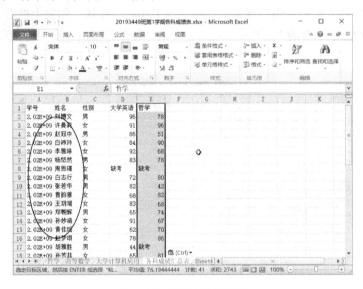

图 5-46　粘贴单元格区域

7）从图 5-46 中发现 A 列的学号变成了浮点表示，这是因为列宽不够造成的，调宽列宽就可以正常显示了，如图 5-47 所示。

8）按上面的方法，把"高等数学"成绩列复制到"各科成绩汇总表"工作表的 F 列。

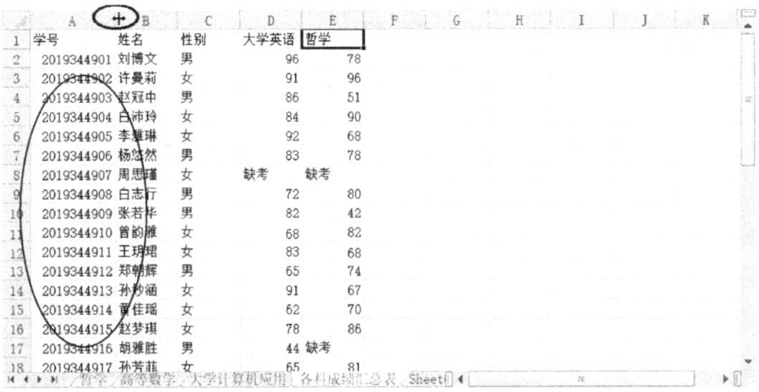

图 5-47　改变列宽

【实训 5-17】 公式数据的复制与粘贴。

把"大学计算机应用"工作表中的"总成绩"列的数据复制到"各科成绩汇总表"工作表中。

1）在"各科成绩汇总表"工作表中，单击 G1 单元格，输入"大学计算机应用"。然后增加列宽，使"大学计算机应用"完全显示。单 G2 单元格，如图 5-48 所示。

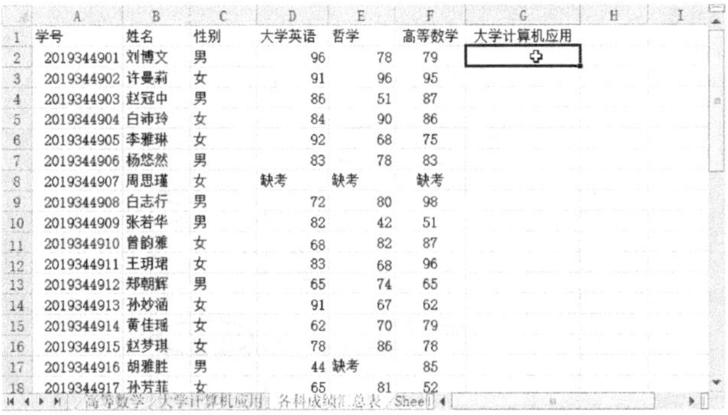

图 5-48　选定单元格

2）在"大学计算机应用"工作表中选定 G3:G42 单元格区域，按〈Ctrl+C〉键，如图 5-49 所示。

3）切换到"各科成绩汇总表"工作表，单击目标单元格 G1，按〈Ctrl+V〉键，粘贴过来的单元格出现错误结果。第一种错误，在图 5-49 中，G3 单元格的值是 84；在图 5-50 中，G2 单元格中的值是 87，其他单元格中的值也都被改变了。第二种错误，单元格中显示"#VALUE!"，如图 5-50 所示。

为什么这一列出现错误呢？这是因为"总成绩"列含有计算公式。当复制或移动包含公式的单元格时，将会对目标单元格产生影响。将公式粘贴到目标区域后，会自动将源区域的公式调整为目标区域相对应的单元格。例如，"大学计算机应用"工作表中 G3 单元格中包含的公式为"=D3*0.5+E3*0.2+F3*0.3"。而粘贴到"各科成绩汇总表"中的 G2 单元格后，该公式更改为"=D2*0.5+E2*0.2+F2*0.3"，G2 单元格的值是按这个公式计算得到的，而不是"大学计算机应用"中的值。对于 G8、G17 单元格，由于前三列单元格有文本型数据，不能参与数值计算，于是给出"#VALUE!"的错误提示。

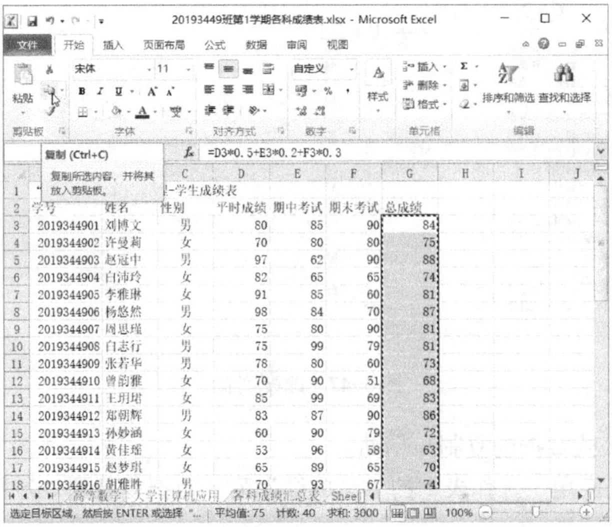

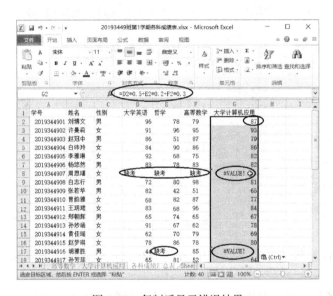

图 5-49 复制单元格区域

图 5-50 复制后显示错误结果

对于包含公式的单元格，至少具有"公式"和"值"两种属性。在图 5-51a 中，G9 单元格中显示的内容是公式的计算值 81，在公式编辑栏中显示的是计算公式"=D9*0.5+E9*0.2+F9*0.3"。在图 5-51b 中，G8 单元格中显示错误提示"#VALUE!"，在公式编辑栏中显示的是计算公式"=D8*0.5+E8*0.2+F8*0.3"。

在粘贴数据时能否根据需要选择其中的某种属性呢？使用"选择性粘贴"可以实现粘贴"值"属性，还是粘贴"公式"属性。

4）在"各科成绩汇总表"工作表中，单击"快速访问工具栏"上的"撤销"按钮↶，撤销刚才的粘贴。

5）在"大学计算机应用"工作表中复制"总成绩"列，选定 G3:G42 单元格区域。按

〈Ctrl+C〉键复制该列区域，如图 5-49 所示。

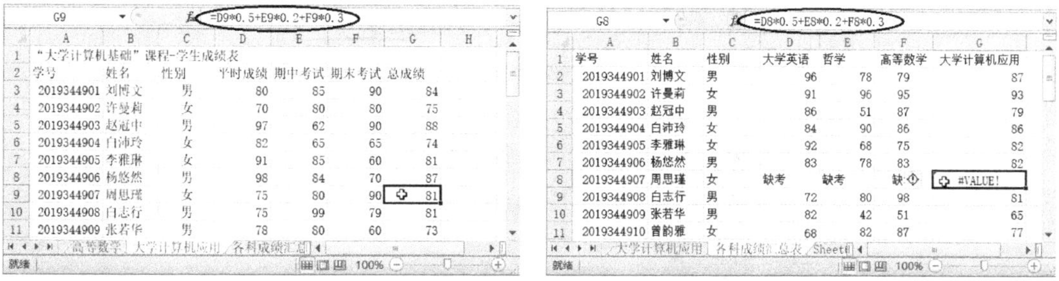

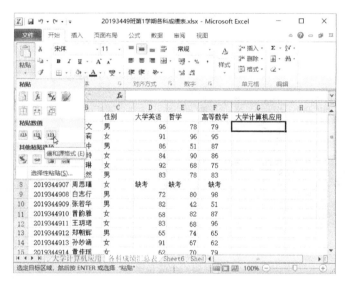

a)   b)

图 5-51　粘贴公式单元格

6）在"各科成绩汇总表"中，单击目标单元格 G2。

7）在"开始"选项卡的"剪贴板"组中单击"粘贴"下拉按钮，从菜单中单击"粘贴数值"组中的"值和源格式"按钮，如图 5-52 所示。

图 5-52　选择性粘贴按钮

8）在目标单元格区域中显示复制的"总成绩"数据，其值和格式与源单元格一致，如图 5-53 所示，已经没有公式属性。

9）将"各科成绩汇总表"工作表中的列名和其他单元格中的数据改为居中。单击文档窗口左上角的全选按钮，选中全部单元格；在"开始"选项卡的"对齐方式"组中，单击"居中"按钮，则选中的单元格内容都居中显示，如图 5-54 所示。

【实训 5-18】　单元格或单元格区域数据的移动。

对于单元格或单元格区域中的数据，有时需要改换在工作表中的位置，可以用鼠标拖动或功能区的命令来移动数据。

在"各科成绩汇总表"工作表中，如图 5-54 所示，把各科成绩列的排列顺序调整为"哲学""大学计算机应用""大学英语"和"高等数学"。

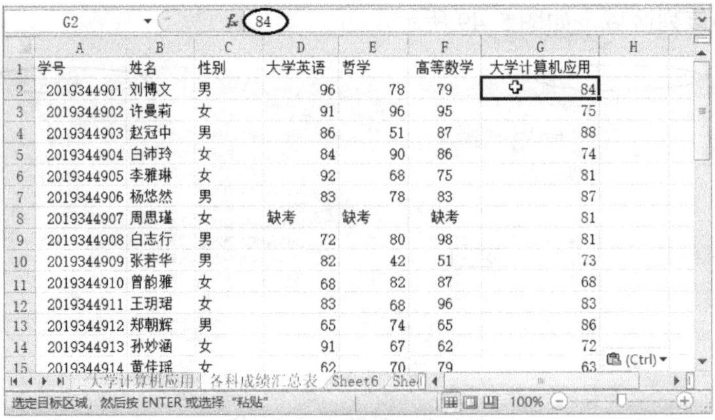

图 5-53　粘贴值和格式

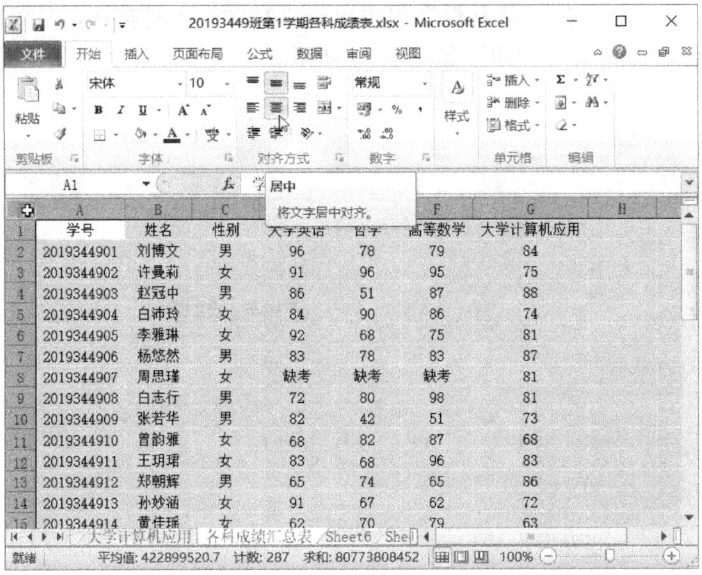

图 5-54　全选和居中

（1）使用剪切法先把"哲学"列移到成绩列的第一列

1）鼠标指针放置在工作表列标 E 上，鼠标指针变为 ↓，单击选中 E 列，如图 5-55 所示。

2）按〈Ctrl+X〉剪切 E 列，或者在"开始"选项卡的"剪贴板"组中单击"剪切"按钮 ✂。

3）单击目标单元格的开始单元格 D1。在"开始"选项卡的"单元格"组中单击"插入"的级联按钮 ▾，在下拉菜单中单击"插入剪切的单元格"，如图 5-56 所示。

执行命令后，成绩列调整为"哲学""大学英语""高等数学"和"大学计算机应用"。

（2）使用拖动法把"大学计算机应用"移到成绩列的第二列

1）单击列标 G 选中该列。

2）把鼠标指针放置在选定区域的左边框或右边框上（如果选定的是矩形区域，也可以是上、下边框），当鼠标指针变为 时，如图 5-57 所示。

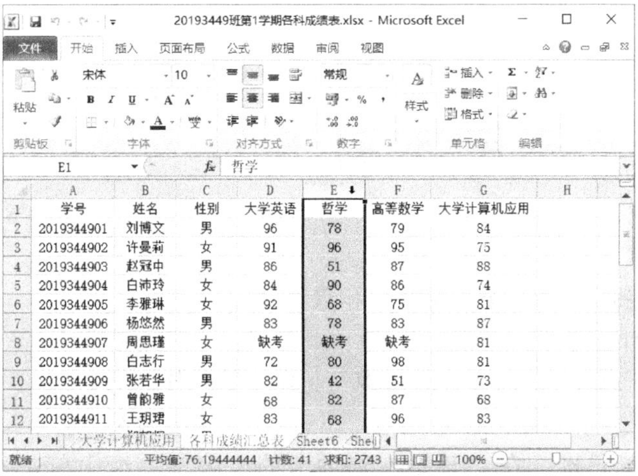

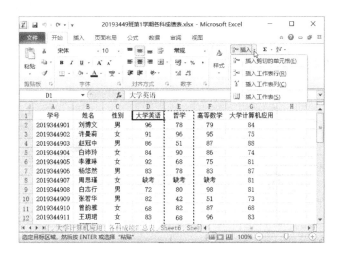

图 5-55 选中列

图 5-56 执行插入操作

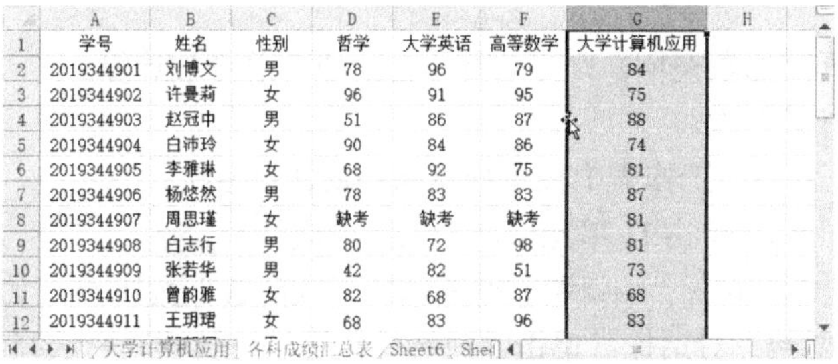

图 5-57 移动列

按下〈Shift〉键不松开，拖动该区域到目标位置 E:E，然后释放鼠标左键，最后松开〈Shift〉键。移动后显示如图 5-58 所示。

	A	B	C	D	E	F	G	H
1	学号	姓名	性别	哲学	大学计算机应用	大学英语	高等数学	
2	2019344901	刘博文	男	78	84	96	79	
3	2019344902	许晨莉	女	96	75	91	95	
4	2019344903	赵冠中	男	51	88	86	87	
5	2019344904	白沛玲	女	90	74	84	86	
6	2019344905	李雅琳	女	68	81	92	75	
7	2019344906	杨悠然	男	78	87	83	83	
8	2019344907	周思瑾	女	缺考	81	缺考	缺考	
9	2019344908	白志行	男	80	81	72	98	
10	2019344909	张若华	男	42	73	82	51	
11	2019344910	曾韵雅	女	82	68	68	87	
12	2019344911	王玥珺	女	68	83	83	96	

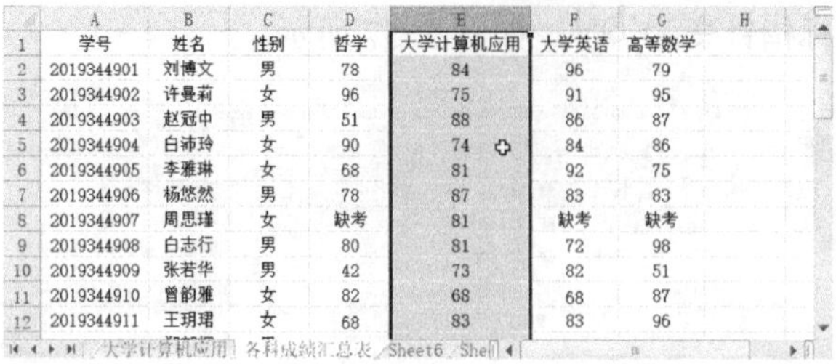

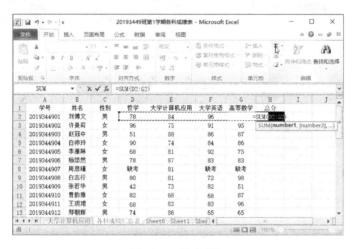

图 5-58　移动后的列

4．计算总分、名次、平均分、最高分和最低分

【实训 5-19】 计算总分。

在“各科成绩汇总表”工作表中，计算每位学生的总分。

1）添加“总分”列，单击 H1 单元格，在 H1 单元格中输入“总分”。

2）单击 H2 单元格。在“开始”选项卡的“编辑”组中单击“自动求和”按钮 Σ 自动求和，单元格中显示求和函数 SUM，并自动选定了求和范围，如图 5-59 所示。如果自动选定的范围正确，则按〈Enter〉键或单击“输入”按钮✓确认，在该单元格中显示计算结果。如果自动选定的范围不正确，则重新选定正确的范围。

	A	B	C	D	E	F	G	H
1	学号	姓名	性别	哲学	大学计算机应用	大学英语	高等数学	总分
2	2019344901	刘博文	男	78	84	96	79	=SUM(D2:G2)
3	2019344902	许晨莉	女	96	75	91	95	
4	2019344903	赵冠中	男	51	88	86	87	
5	2019344904	白沛玲	女	90	74	84	86	
6	2019344905	李雅琳	女	68	81	92	75	
7	2019344906	杨悠然	男	78	87	83	83	
8	2019344907	周思瑾	女	缺考	81	缺考	缺考	
9	2019344908	白志行	男	80	81	72	98	
10	2019344909	张若华	男	42	73	82	51	
11	2019344910	曾韵雅	女	82	68	68	87	
12	2019344911	王玥珺	女	68	83	83	96	
13	2019344912	郑朝辉	男	74	86	65	65	

图 5-59　自动求和

3）双击 H2 单元格的填充柄，则当前行下面的所有总分被计算。

【实训 5-20】 计算名次。

在“各科成绩汇总表”工作表中按总分从高到低计算名次。

1）添加“名次”列，单击 I1 单元格，输入“名次”。

2）单击 I2 单元格。单击“编辑栏”左侧的“插入函数”按钮 fx，如图 5-60 所示。

3）显示“插入函数”对话框，单击“或选择类别”下拉列表，选择其中的“统计”；然后在“选择函数”列表框中单击“RANK.EQ”，如图 5-61 所示，单击“确定”按钮。

4）显示“函数参数”对话框，单击“Number”文本框，从当前工作表中选择 H2 单元格；单击“Ref”文本框，从当前工作表中选择 H2:H41 单元格区域。由于单元格区域 H2:H41 表示所有学生的总分，不应该随着单元格的复制而变化，成绩范围单元格区域应该

用"绝对引用",把单元格范围改为$H$2:$H$41,如图 5-62 所示,单击"确定"按钮。

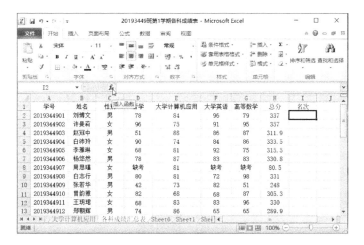

图 5-60 插入函数

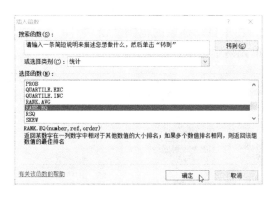

图 5-61 "插入函数"对话框

图 5-62 "函数参数"对话框

5)在 I2 单元格中显示计算结果 5,双击 I2 单元格的填充柄,计算排名结果,如图 5-63 所示。

【实训 5-21】 计算各科平均分。

在"各科成绩汇总表"工作表中计算各科成绩的班级平均分。

1)单击 A42 单元格,输入"班级平均分"。

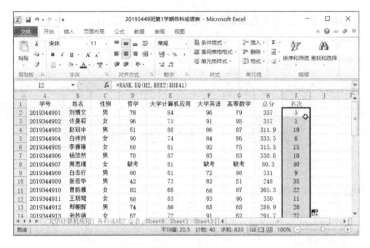

图 5-63　总分排名

2）单击 D42 单元格。在"公式"选项卡的"函数库"组中单击"自动求和"级联按钮 Σ 自动求和 · ，从下拉菜单中选择"平均值"，单元格中出现平均值函数 AVERAGE，并选定参数范围，如图 5-64 所示。由于自动选定的范围是错误的，重新选定计算范围 D2:D41，按〈Enter〉键确认，则 D42 单元格中显示计算结果。

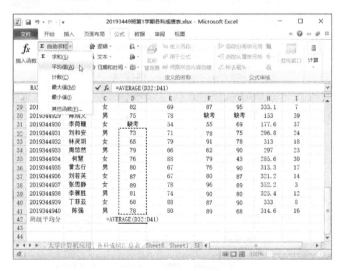

图 5-64　计算平均值

3）拖动 D42 单元格的填充柄向右拖拽到 G42 单元格，计算其他科的平均成绩，如图 5-65 所示。

【实训 5-22】 计算最高分、最低分。

在"各科成绩汇总表"工作表中计算各科成绩的班级最高分和班级最低分。

1）单击 A43 单元格，输入"班级最高分"；单击 A44 单元格，输入"班级最低分"。

2）单击 D43 单元格，输入"=MAX(D2:D41)"，按〈Enter〉键，计算该单元格范围内的最大数，如图 5-66 所示。拖动 D43 单元格的填充柄，向右拖动，计算其他科的最高分。

3）单击 D44 单击格，输入"=MIN(D2:D41)"，按〈Enter〉键，计算该单元格范围中的最低数。拖动 D44 单元格的填充柄，向右拖动，计算其他科的最低分。

图 5-65　拖动填充柄

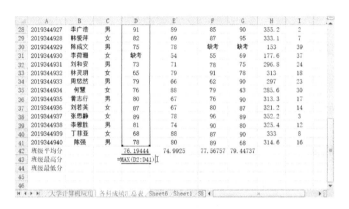

图 5-66　计算最高分

班级最高分、班级最低分的计算结果如图 5-67 所示。

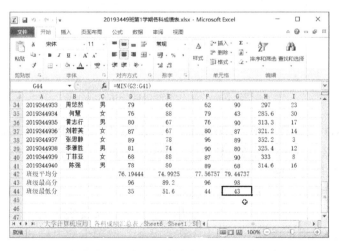

图 5-67　计算班级最高分、班级最低分

【实训 5-23】　平均分数的四舍五入。

在"各科成绩汇总表"工作表中，把班级平均分四舍五入，保留 1 位小数。

1）单击 D42 单元格，编辑栏中显示"=AVERAGE(D2:D41)"。

2）在编辑栏中修改为"=ROUND(AVERAGE(D2:D41),1)"，然后按〈Enter〉键确认，如图 5-68 所示。

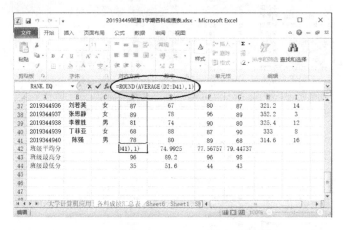

图 5-68　编辑平均分数的四舍五入函数

3）拖动 D42 的填充柄到 G42 单元格。最后结果如图 5-69 所示。

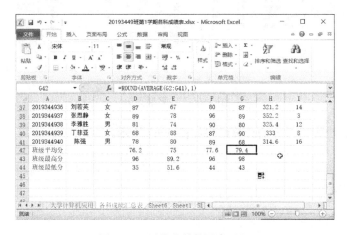

图 5-69　平均分数的四舍五入

注意：ROUND 函数与"减少小数位数"按钮的区别。ROUND 函数是四舍五入函数，而用"减少小数位数"按钮得到的小数只是显示形式的改变，其值并没有四舍五入。

5．用套用格式美化表格

【实训 5-24】用套用表格格式美化表格。

可以把单元格区域或单元格中的数据套用内置格式，实现快速美化表格。

1）在"各科成绩汇总表"工作表中，在"开始"选项卡的"样式"组中单击"套用表格格式"按钮，从下拉列表中选择"浅色"组中的"表样式浅色 20"，如图 5-70 所示。

2）显示"套用表格式"对话框，如图 5-71 所示，并在"表数据的来源"文本框中自动选定单元格范围，选中"表包含标题"复选框。如果自动选定的范围正确，则单击"确定"

按钮；如果自动选定的单元格区域不正确，则重新选定单元格区域。

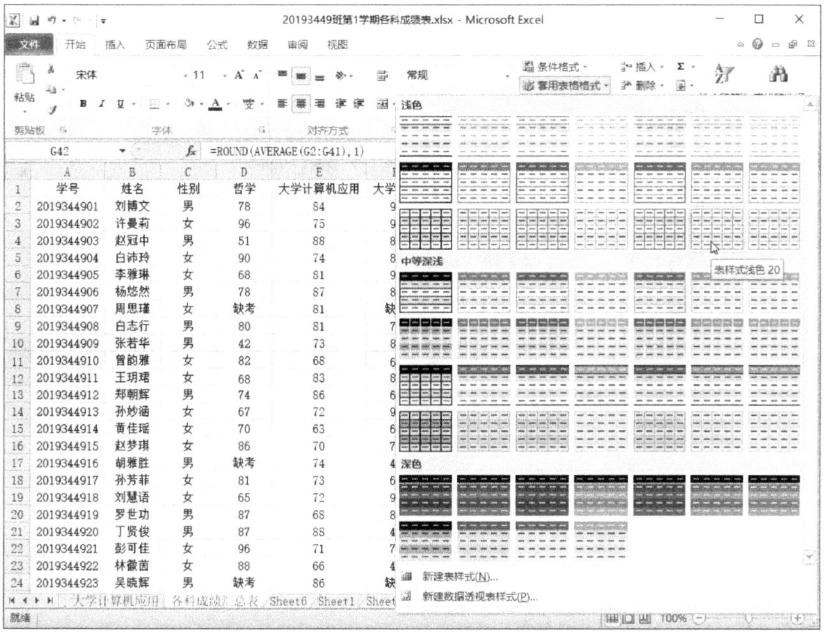

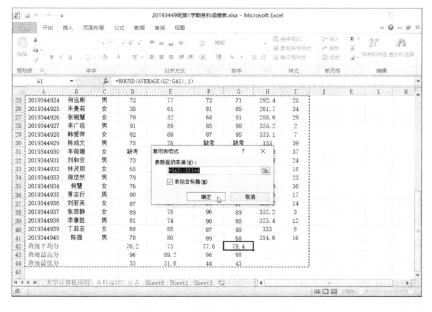

图 5-70　套用表格格式

图 5-71　"套用表格式"对话框

　　套用表格格式后，显示如图 5-72 所示，除应用表格格式外，每列的列标题右侧显示"筛选"按钮。

　　3）单击"筛选"按钮在下拉列表中可以选择对表格中数据的筛选方式。例如，希望只显示女生记录，则单击"性别"后的筛选按钮，从筛选列表中取消选择"男"前面的复选框，如图 5-73 所示，单击"确定"按钮。

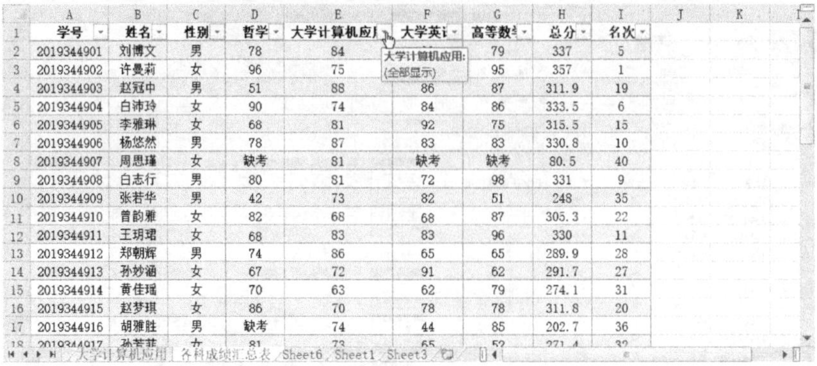

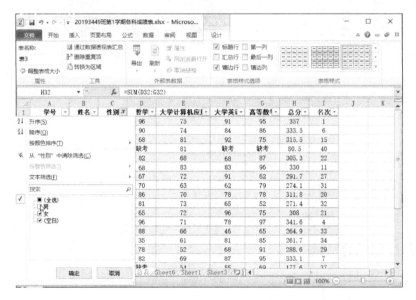

图 5-72　套用表格样式后的显示

图 5-73　筛选列表

4）单击表格区域中的任意单元格，选择"表格工具/设计"选项卡，在"工具"组中单击"转换为区域"按钮。显示"是否将表转换为普通区域"对话框，如图 5-74 所示，单击"是"按钮。

将表转换为普通区域后，显示如图 5-75 所示。

6. 成绩表的排序

【实训 5-25】　数据清单。

当工作表中的数据是由一系列数据行组成的二维表，也就是每一列中的数据是同一类型的数据，来自同一个域，每一列成为一个字段。每一行称作一个数据记录，多行数据组成一个数据表。这样的数据表在 Excel 中被称作数据清单。例如，前面建立的成绩表。

数据清单应该尽量满足以下条件。

1）每一列必须有列名，而且每一列中的数据必须是相同的类型。

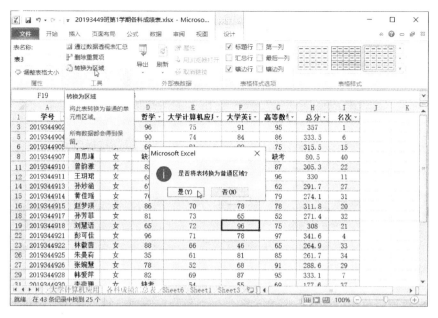

图 5-74　转换区域

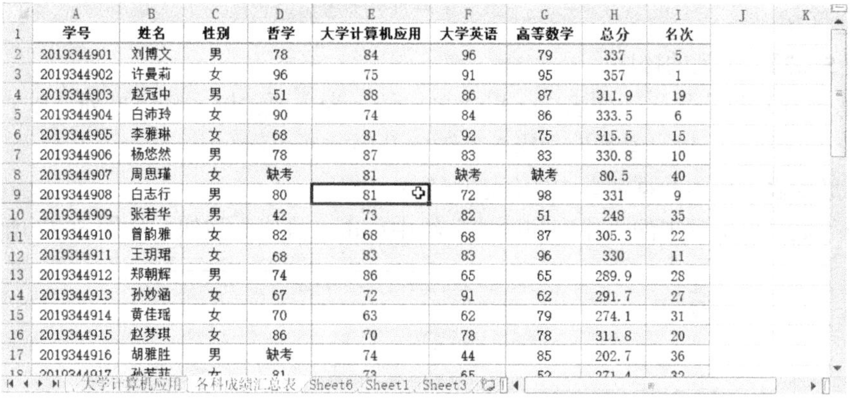

图 5-75　转换为普通区域后的表

2）避免在一个工作表中有多个数据清单。

3）在一个工作表中，数据清单与其他数据之间至少留出一个空白列和一个空白行。

在执行 Excel 的数据库操作时，如排序、筛选、分类汇总等时，Excel 自动把数据清单作为数据库来操作。数据清单中的列是数据库中的字段，数据清单中的列标题是数据库中的字段名。数据清单中的每一行对应数据库中的一条记录。

【实训 5-26】　一列的排序。

在"哲学"工作表中，把"哲学"列按成绩从高到低"降序"排列。

1）在"哲学"工作表中，单击"哲学"列中的任意一个单元格。

2）在"数据"选项卡的"排序和筛选"组中，单击"降序"按钮 $\begin{smallmatrix}Z\\A\end{smallmatrix}\downarrow$，则数据清单以记录为单位，按"哲学"列的成绩从高分到低分的降序方式排序，如图 5-76 所示。

注意：只需单击排序列中的任意一个单元格。不要全选该列，如果全选该列，则只排序选定的列，其他列的数据保持不变，就会造成错行，破坏原始工作表的数据结构。

图 5-76　排序

3）单击数据清单中的任意一个单元格，在"开始"选项卡的"样式"组中，单击"套用表格格式"按钮，从下拉列表中单击"表样式浅色 15"。

4）在"表格工具/设计"选项卡的"工具"组中，单击"转换为区域"按钮 🔳，把表格转换为普通区域。

【实训 5-27】 多列的排序。

在"大学计算机应用"工作表中，以"总成绩"为主要关键字降序排列，以"性别"为第 2 关键字升序排序，以"学号"为第 3 关键字升序排列。

1）在成绩表中单击数据清单中的任意一个单元格。

2）在"数据"选项卡的"排序和筛选"组中单击"排序"按钮，如图 5-77 所示。

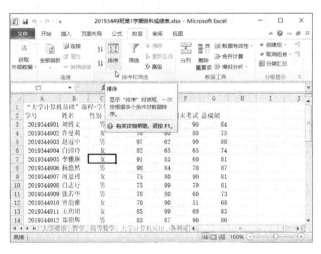

图 5-77　排序

3）显示"排序"对话框，在"列"下的"主要关键字"下拉列表中选择"总成绩"；在"排序依据"下拉列表中选择默认选项"数值"；在"次序"下拉列表中选择"降序"。单击"添加条件"按钮，如图 5-78 所示。

图 5-78 "排序"对话框的主要关键字

4）显示"次要关键字"条件选项，从"次要关键字"下拉列表中选择"学号"；"排序依据"仍然保持"数值"；在"次序"下拉列表中选择"升序"。单击"添加条件"按钮，如图 5-79 所示。

图 5-79 "排序"对话框的次要关键字

5）重复 4）的步骤，分别选择"性别""数值""降序"，相同条件下先显示"女"，再显示"男"，如图 5-80 所示。

图 5-80 "排序"对话框中选定的条件

6）如果添加的条件多了或者不再需要，先选择该行，单击"删除条件"按钮。所有条件选定后，单击"确定"按钮。工作表按图 5-80 所示条件进行排序，结果如图 5-81 所示。

【实训 5-28】 用套用表格实现排序。

把"大学英语"的成绩按降序排列，并利用套用表格的汇总行计算班级平均分。

1）在"大学英语"工作表中，单击数据清单区域中的任意一个单元格。在"开始"选项卡的"样式"组中单击"套用表格样式"按钮，如图 5-82 所示。从列表中单击"表样式中等深浅 9"。

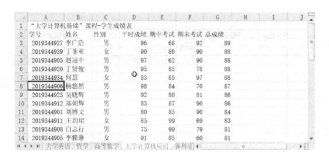

图 5-81 排序结果

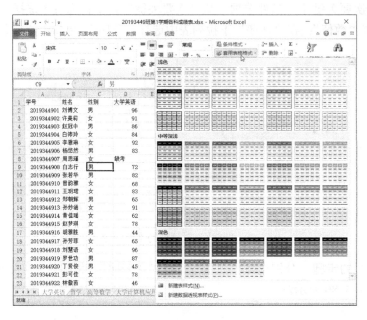

图 5-82 套用表格格式

2）显示"套用表格式"对话框，直接单击"确定"按钮，如图 5-83 所示。

3）单击"大学英语"右端的筛选按钮 ▾，在下拉列表中单击"降序"，该列的筛选按钮变为 ↓，表示该列按"降序"排列，如图 5-84 所示。

图 5-83 "套用表格式"对话框

图 5-84 降序排列

4）单击数据清单中任意一个单元格，单击"表格工具/设计"选项卡，在"表格样式选项"组中选中"汇总行""最后一行"复选框，如图5-85所示。

图5-85　选定汇总行

5）把 A42 单元格中的"汇总"改为"平均分数"；单击 D42 单元格右侧的筛选按钮 ，从下拉列表中选择"平均值"，如图5-86所示。

图5-86　平均值选项

7. 成绩表的筛选

筛选分为自动筛选和高级筛选。自动筛选在同一列内可以实现"与"和"或"的运行，通过多次自动筛选也可以实现多个列之间的"与"运算，但无法实现多个列之间的"或"运算。高级筛选可以实现多个列之间的"或"运算。

【实训5-29】　自动筛选。

筛选出同时满足下面条件的记录："性别"为"女"，姓"刘"，"大学英语"成绩在 85~100 之间，"名次"在前 9 名。

1）因为自动筛选后将破坏原始表的排列顺序，所以先复制一份"各科成绩汇总表"，在新复制的工作表中实现自动筛选。按下〈Ctrl〉键不松开，拖动"各科成绩汇总表"到目标位置后松开鼠标和〈Ctrl〉键。把"各科成绩汇总表（2）"工作表名重新命名为"自动筛选-成绩表"。

2）在"数据"选项卡的"排序和筛选"组中单击"筛选"按钮，如图5-87所示。

3）所有列标题右侧自动显示一个筛选按钮 ，单击"性别"后的筛选按钮，在列表中取消选择"全选"复选框，选中"女"复选框，如图5-88所示，单击"确定"按钮。

图 5-87 "筛选"按钮

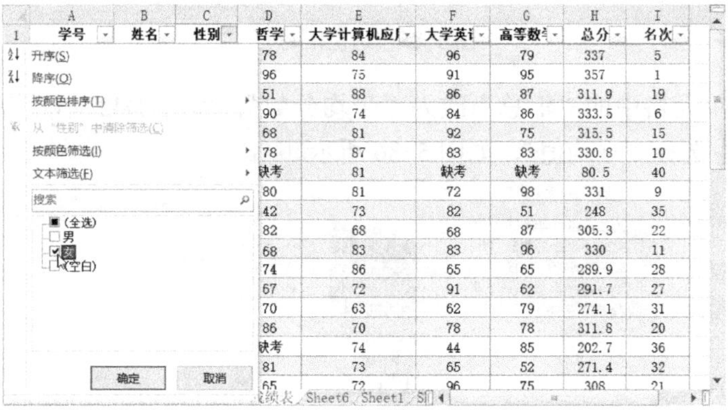

图 5-88 筛选女同学

如果要清除筛选，除了用列标题后的筛选按钮外，还可以右击"性别"列下的任意一个单元格，从弹出的快捷菜单中选择"筛选"→"从'性别'中清除筛选"选项，如图 5-89 所示。筛选也可以使用快捷菜单。

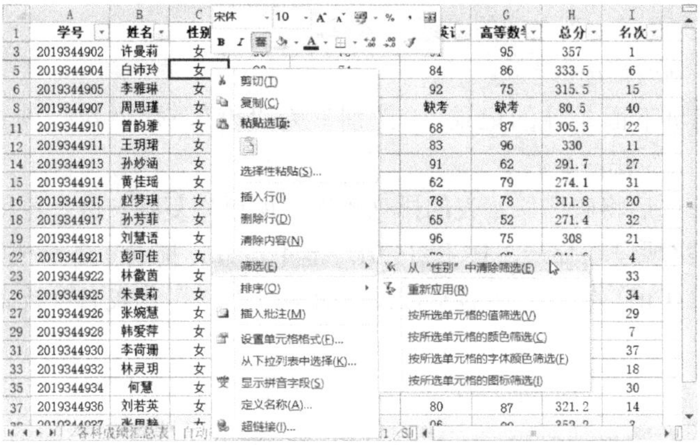

图 5-89 取消筛选

4）单击"姓名"后的筛选按钮，从下拉列表中选择"文本筛选"→"自定义筛选"选项，如图 5-90 所示。

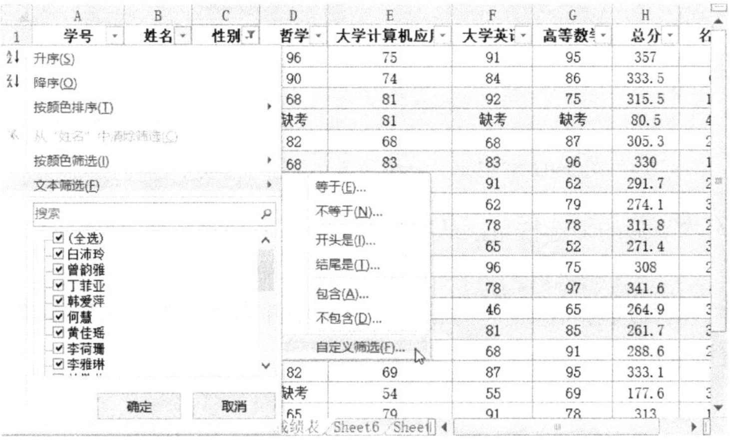

图 5-90　文本筛选菜单

5）显示"自定义自动筛选方式"对话框，选择第一个条件是"开头是"为"刘"；选择第二个条件是"结尾是"为"莉"；选择这个两个条件的关系是"或"，如图 5-91 所示，单击"确定"按钮。

图 5-91　"自定义自动筛选方式"对话框（一）

6）筛选结果如图 5-92 所示，设置了条件的按钮变成了，被筛选出来的满足条件的行号变成了蓝色。当鼠标指针指向该筛选按钮时，显示筛选条件，如图 5-92 所示。

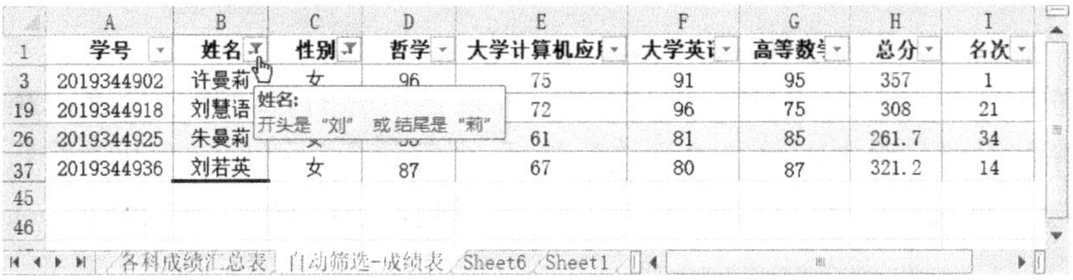

图 5-92　筛选结果

7）单击"大学英语"后的筛选按钮，从下拉列表中选择"数字筛选"→"介于"选项。

8）显示"自定义自动筛选方式"对话框，在"大于或等于"后输入 85，在"小于或等于"后输入 100，如图 5-93 所示，单击"确定"按钮。

图 5-93 "自定义自动筛选方式"对话框（二）

9）单击"名次"后的筛选按钮，从下拉列表中选择"数字筛选"→"10 个最大的值"选项。

10）显示"自动筛选前 10 个"对话框，设置条件为"最小""9""项"，如图 5-94 所示，单击"确定"按钮。

图 5-94 "自动筛选前 10 个"对话框

11）满足条件的最终筛选结果，如图 5-95 所示。

图 5-95 最终筛选结果

在一个数据清单中进行多次筛选时，这次的筛选是在上次筛选结果的基础上进行的，每次筛选的条件是"与"的关系，即都同时满足条件。

如果要取消某一列的筛选，单击该列标题后的筛选按钮 🔽，在下拉列表中单击"从'XXX'中清除筛选（XXX 为列名）。

如果要取消所有列的筛选，在"数据"选项卡的"排序和筛选"组中，单击"清除"按钮 🔸清除，将清除所有筛选条件，但保留筛选状态。

如果要撤销数据清单中的自动筛选状态，并取消所有的自动筛选设置，在"数据"选项卡的"排序和筛选"组中，单击"筛选"按钮。"筛选"按钮是一个开关按钮，可以在设置"自动筛选"和取消"自动筛选"之间切换。但是，已经设置的"自动筛选"条件不可恢复。

【实训 5-30】 高级筛选。

筛选出总分高于 300 分并且大学英语成绩高于 90 分的学生，或者总分高于 280 分并且大学英语成绩高于 95 分的学生。

1）把"各科成绩汇总表"复制一份，重命名为"高级筛选-成绩表"。

2）构造筛选条件。在条件区域输入筛选条件，如图 5-96 所示的 D47:E49 区域。

图 5-96　构造筛选条件

3）执行高级筛选。单击数据清单中的任意一个单元格。在"数据"选项卡的"排序和筛选"组中单击"高级"按钮 高级。

4）显示"高级筛选"对话框，数据清单区域周围出现虚线选定框，筛选区域应该不包括"班级平均分""班级最高分"和"班级最低分"，所以要重新选定列表区域，单击"列表区域"后面的折叠对话框按钮，选定列表区域为 $A$1:$I$41，再次单击 按钮展开对话框。

5）在"高级筛选"对话框中，单击"条件区域"后的 按钮，选定条件区域。

6）在"高级筛选"对话框中，选定"将筛选结果复制到其他位置"单选按钮。单击"复制到"后的 按钮，单击起始单元格 A51，如图 5-97 所示，单击"确定"按钮。

列表的筛选结果如图 5-98 所示。

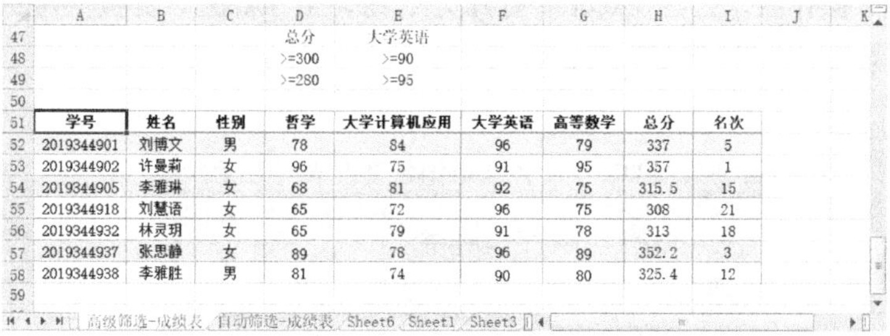

图 5-97　"高级筛选"对话框

学号	姓名	性别	哲学	大学计算机应用	大学英语	高等数学	总分	名次
2019344901	刘博文	男	78	84	96	79	337	5
2019344902	许曼莉	女	96	75	91	95	357	1
2019344905	李雅琳	女	68	81	92	75	315.5	15
2019344918	刘慧语	女	65	72	96	75	308	21
2019344932	林灵玥	女	65	79	91	78	313	18
2019344937	张思静	女	89	78	96	89	352.2	3
2019344938	李雅胜	男	81	74	90	80	325.4	12

图 5-98　高级筛选结果

8. 用主题统一表格风格

【实训 5-31】　用主题统一表格风格。

主题是一组预设的样式，包括字体（包括标题字体和正文字体）、颜色和效果。

1）打开"20193449 班第 1 学期各科成绩表.xlsx"文件，单击"文件"选项卡，再单击"另存为"选项。显示"另存为"对话框，文件名改为"20193449 班第 1 学期各科成绩表-主题.xlsx"。

2）在"20193449班第1学期各科成绩表-主题.xlsx"工作簿中，任意选择一个工作表。

3）在"页面布局"选项卡的"主题"组中单击"主题"按钮，从下拉列表中单击"内置"选项组中的"沉稳"，如图5-99所示。

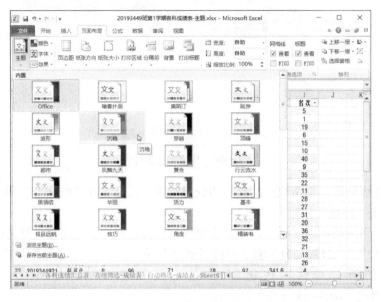

图5-99 主题

4）分别切换到不同的工作表中，看到凡是设置过单元格格式或套用了表格样式的工作表中的字体、底纹和边框的颜色，都被套用了指定的主题。但是，没有设置单元格格式的工作表只有字体发生了变化。

5.1.3 课后练习

【练习5-1】 操作要求：在Excel中打开文件"练习6-1.xlsx"，并按下列要求进行操作。设置工作表及表格，结果如图5-100所示。

图5-100 练习5-1

（1）工作表的基本操作

1）将Sheet1工作表中的所有内容复制到Sheet2工作表中，并将Sheet2工作表重命名为

"销售情况表"，将此工作表标签的颜色设置为标准色中的"橙色"。

2）在"销售情况表"工作表中，在标题行下方插入一空行，并设置行高为 10；将"郑州"一行移至"商丘"一行的上方；删除第 G 列（空列）。

（2）单元格格式的设置

1）在"销售情况表"工作表中，将单元格区域 B2:G3 合并后居中，字体设置为华文仿宋、20 磅、加粗，并为标题行填充天蓝色（RGB：146，205，220）底纹。

2）将单元格区域 B4:G4 的字体设置为华文行楷、14 磅、白色，文本对齐方式为居中，为其填充红色（RGB：200，100，100）底纹。

3）将单元格区域 B5:G10 的字体设置为华文细黑、12 磅，文本对齐方式为居中，为其填充玫瑰红色（RGB：230，175，175）底纹；并将其外边框设置为粗实线，内部框线设置为虚线，颜色均为深红色。

（3）表格的插入设置

1）在"销售情况表"工作表中，为"0"（C7）单元格插入批注"该季度没有进入市场"。

2）在"销售情况表"工作表中表格的下方建立如图 5-100 所示的"常用根式"公式，并为其应用"强烈效果-蓝色，强调颜色1"的形状样式。

5.2 学生成绩表的统计与分析

5.2.1 任务要求

在 5.1 节完成了"各科成绩汇总表"的制作。本节要在此基础上实现"成绩统计表""各科成绩等级表"的制作，如图 5-101、图 5-102 所示。

图 5-101 成绩统计表

图 5-102 各科成绩等级表

5.2.2 操作步骤

1. 制作成绩统计表

【实训 5-32】准备工作。

1）首先把 5.1 节完成的"20193449 班第 1 学期各科成绩表.xlsx"工作簿中的"各科成绩汇总表"，复制到新建的工作簿文件中。打开"20193449 班第 1 学期各科成绩表.xlsx"文件，在"各科成绩汇总表"工作表中，右击工作表名称标签，在弹出的快捷菜单中选择"移动或复制",如图 5-103 所示。

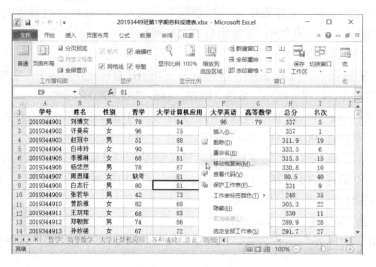

图 5-103　工作表的快捷菜单

2）显示"移动或复制工作表"对话框，单击"工作簿"下拉列表按钮 ，从下拉列表中选择"(新工作簿)"，并选中"建立副本"复选框，如图 5-104 所示，单击"确定"按钮。

3）新建一个"工作簿 1"窗口，单击快速访问工具栏上的"保存"按钮 。显示"另存为"对话框，浏览到"C:\成绩"文件夹，在"文件名"文本框中输入新的工作簿名称"各科成绩统计表.xlsx"，单击"保存"按钮。

图 5-104　"移动或复制工作表"对话框

4）删掉"名次"列，单击列标头"I"选中 I 列，在"开始"选项卡的"单元格"列中单击"删除"级联按钮 ，从下拉列表中单击"删除工作表列"，如图 5-105 所示。

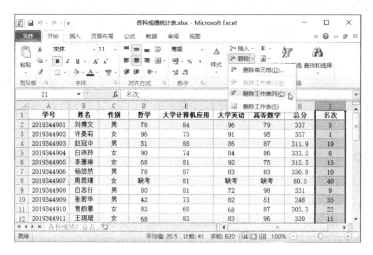

图 5-105　删除列

【实训 5-33】 建立"成绩统计表"。

在"各科成绩统计表.xlsx"文件中，新建"成绩统计表"工作表，按照如图 5-101 所示输入各科课程名称和第一列的统计要求。

1）在工作表名称右端单击"插入工作表"按钮 ，如图 5-106 所示。插入一个工作表，并改名为"成绩统计表"。

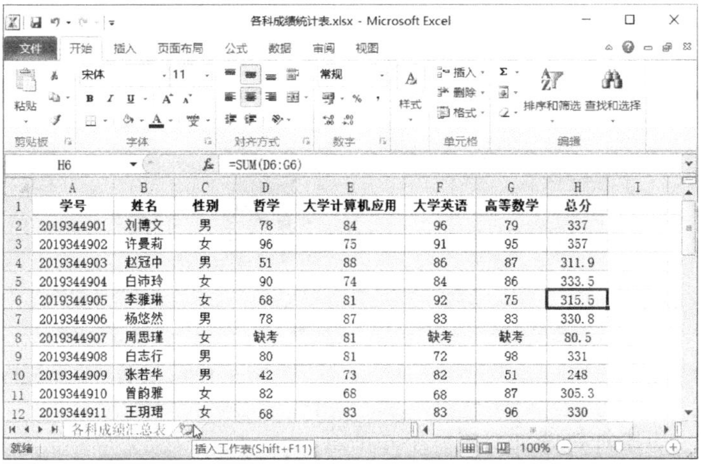

图 5-106　插入工作表

2）在 A1 单元格输入"成绩统计表"。在 A2 单元格输入"课程"。从"各科成绩汇总表"工作表中，复制 D1:G1 单元格，然后粘贴到"成绩统计表"工作表的 B2:E2 单元格。

3）由于粘贴过来的"哲学""大学计算机应用""大学英语"和"高等数学"带有格式，为了与当前工作格的格式一致，单击"粘贴浮动工具栏"按钮 (Ctrl)▾，从列表中单击"值"，如图 5-107 所示。或者使用格式刷 把粘贴过来的单元格的格式改成 A2 单元格的格式。

图 5-107　粘贴浮动工具栏菜单

4）选中 A1:E1 单元格区域，在"开始"选项卡的"对齐方式"组中，单击"合并后居中"按钮 。

5）在 A3:A15 单元格输入相应的统计项目名称，适当改变列距，如图 5-108 所示。

6）把 A1 单元格的标题改为"黑体"14 号字。把 A2:A15、B2:E2 单元格的"填充颜色"改为"橙色",如图 5-109 所示。

图 5-108 输入统计项目名称

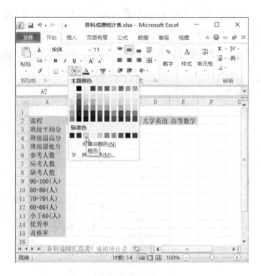

图 5-109 设置标题单元格填充颜色

【实训 5-34】 引用各科课程的相应单元格值。

因为 4 门课程的"班级平均分""班级最高分"和"班级最低分"已经在"各科成绩汇总表"工作表中计算出来,所以只需把这些数据引用到"成绩统计表"中的相应单元格即可。

1)由于"各科成绩汇总表"中的记录行比较多,为了在浏览行号大的记录时仍然显示列名,可以冻结首行。在"各科成绩汇总表"中,单击任何一个单元格。在"视图"选项卡的"窗口"组中,单击"冻结窗格"按钮,如图 5-110 所示。

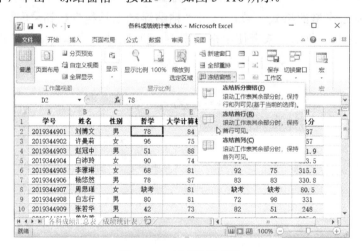

图 5-110 冻结窗格菜单

2)在"成绩统计表"中,单击目标单元格 B3,输入"="。

3)单击"各科成绩汇总表"工作表标签,在此工作表中单击该课程对应的"班级平均分"单元格 D42,如图 5-111 所示,按〈Enter〉键。

图 5-111　选择要引用的单元格

4）自动切换回"成绩统计表"，B3 单元格中显示其值为"76.2"，同时编辑栏中的公式为"=各科成绩汇总表!D42"，如图 5-112 所示。

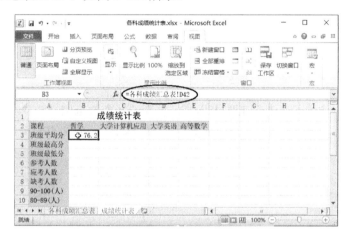

图 5-112　引用的单元格

5）向右拖动 B3 单元格的填充柄到 E3，得到 4 门课程的"班级平均分"。

6）选中 B3:E3 单元格区域，向下拖动该区域的填充柄到 E5 单元格，得到 4 门课程的"班级最高分""班级最低分"，如图 5-113 所示。

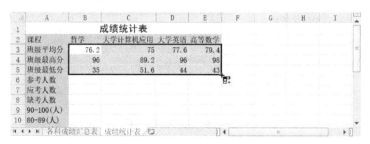

图 5-113　得到最高分和最低分

【实训 5-35】 计算"参考人数""应考人数"。

计算"参考人数""应考人数"。COUNT 函数返回参数列表中包含数字的单元格数目，不包括"缺考"的单元格，所以可以计算"参数人数"。COUNTA 函数返回参数列表中非空值的单元格数目，包括"缺考"的单元格，所以可以计算"应考人数"。

1）在"成绩统计表"中，单击 B6 单元格。在"开始"选项卡的"编辑"组中单击"求和"级联按钮 Σ ▾，如图 5-114 所示，在下拉菜单中选择"计数"。

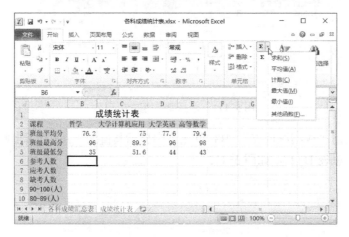

图 5-114 "求和"下拉菜单

2）单击"各科成绩汇总表"工作表标签，重新选择参数范围 D2:D41 单元格区域，此时编辑栏中的公式为"=COUNT(各科成绩汇总表!D2:D41)"，如图 5-115 所示，按〈Enter〉键确认。

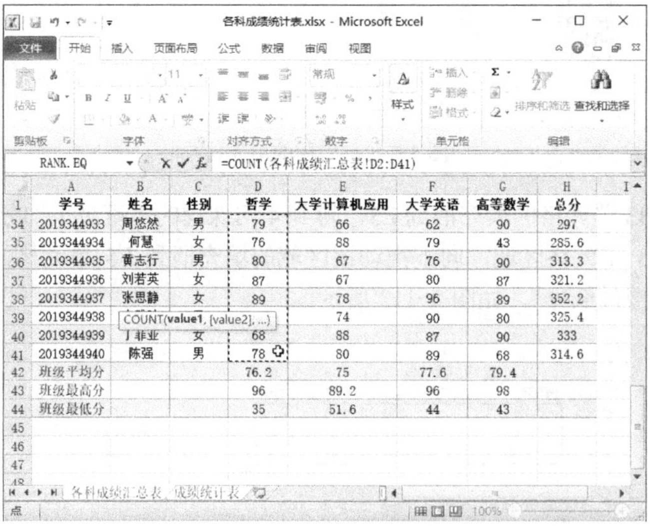

图 5-115 选择参数范围

3）自动切换回"成绩统计表"工作表，拖动 B6 单元格的填充柄，如图 5-116 所示，至 E6 单元格，得到 4 门课程的"参考人数"。

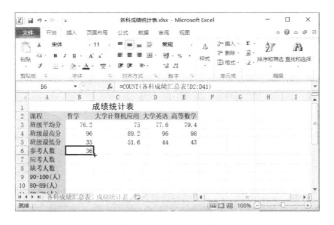

图 5-116 参考人数

4）在"成绩统计表"工作表中，单击目标单元格 B7。单击编辑栏左侧的"插入函数"按钮 f_x，显示"插入函数"对话框，在"或选择类别"的下拉列表中选择"统计"；在"选择函数"列表框中选择"COUNTA"，如图 5-117 所示，单击"确定"按钮。

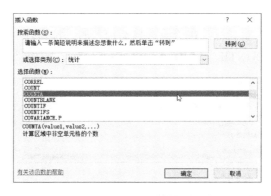

图 5-117 "插入函数"对话框

5）显示"函数参数"对话框，单击"Value1"文本框，删除文本框中的默认参数，单击"各科成绩汇总表"工作表标签，在"各科成绩汇总表"工作表中重新选择参数范围 D2:D41 单元格区域，按〈Enter〉键，如图 5-118 所示。然后单击"确定"按钮。

图 5-118 "函数参数"对话框

6）在 B7 单元格中显示计算结果。拖动 B7 单元格的填充柄到 E7 单元格，计算出 4 门课程的"应考人数"，如图 5-119 所示。

图 5-119　计算"应考人数"

【实训 5-36】 计算"缺考人数"。

计算"缺考"单元格的数目时,使用 COUNTIF 函数。

1)在"成绩统计表"中,单击目标单元格 B8。在"公式"选项卡的"函数库"组中,单击"插入函数"按钮。

2)显示"插入函数"对话框,在"或选择类别"的下拉列表中选择"统计";在"选择函数"列表框中选择"COUNTIF",如图 5-120 所示,单击"确定"按钮。

图 5-120　"插入函数"对话框

3)显示"函数参数"对话框,第 1 个参数"Range"表示被统计的单元格范围,选择"各科成绩统计表"的 D2:D41 单元格范围;第 2 个参数"Criteria"表示统计条件,在文本框中输入"缺考",如图 5-121 所示,单击"确定"按钮。

图 5-121　"函数参数"对话框

4）在 B8 单元格中显示计算结果。拖动 B8 单元格的填充柄到 E8 单元格，计算出 4 门课程的"缺考人数"，如图 5-122 所示。

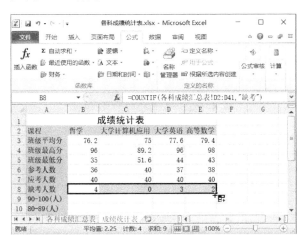

图 5-122　计算"缺考人数"

【实训 5-37】　计算>=90、<60 分数段的人数。

计算>=90、<60 分的人数也使用 COUNTIF 函数。

1）在"成绩统计表"中，单击 B9 单元格，输入"="，名称框中会出现刚才用过的 COUNTIF 函数，如图 5-123 所示，单击名称框。

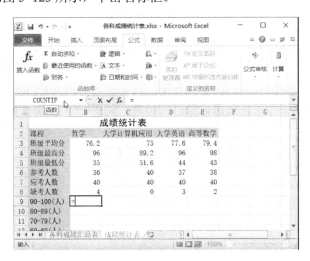

图 5-123　在 B9 单元格中输入"="

2）显示 COUNTIF 函数的"函数参数"对话框，在第 1 个参数"Range"中，选择"各科成绩统计表"的 D2:D41 单元格范围；在第 2 个参数"Criteria"中，输入">=90"，如图 5-124 所示，单击"确定"按钮。

3）在 B9 单元格中显示计算结果。拖动 B9 单元格的填充柄到 E9 单元格，计算出 4 门课程分数在 90~100 的学生人数，如图 5-125 所示。

图 5-124 "函数参数"对话框

图 5-125 计算"90-100(人)"

4）单击 B13 单元格，请读者计算"小于 60(人)"分数段的人数。

【实训 5-38】 计算"80-89(人)""70-79(人)""60-69(人)"分数段的人数。

当条件是一个范围时，其实是两个条件，例如"80-89(人)"的条件是">=80"并且"<=89"。对于同时满足多个条件的统计数目的函数，使用 COUNTIFS 函数。

1）在"成绩统计表"中，单击 B10 单元格。在"开始"选项卡的"编辑"组中单击"求和"级联按钮 Σ ，从下拉菜单中选择"其他函数"，如图 5-126 所示。

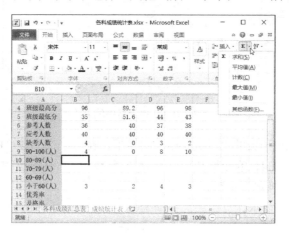

图 5-126 其他函数

2）显示"插入函数"对话框，在"或选择类别"的下拉列表中选择"统计"；在"选择
函数"列表框中选择"COUNTIFS"，如图 5-127 所示，单击"确定"按钮。

图 5-127 "插入函数"对话框

3）显示 COUNTIFS 函数的"函数参数"对话框，输入两组单元格区域和条件，如图 5-128
所示，单击"确定"按钮。

图 5-128 "函数参数"对话框

4）B10 单元格的值如图 5-129 所示。

图 5-129 计算"80-89(人)"

5）请读者计算"70-79(人)""60-69(人)"分数段的人数。完成后如图 5-130 所示。

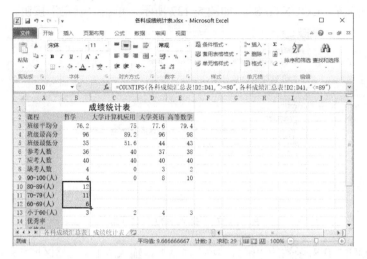

图 5-130　计算各分数段人数

6）在"成绩统计表"工作表中，选中 B10:B12 单元格区域，拖动该区域的填充柄到 E12 单元格，统计出来其他 3 门课程各分数段的人数，如图 5-131 所示。也可以更多范围地拖动单元格区域，例如，选中 B3:B13 单元格区域，拖动到 E13 单元格。

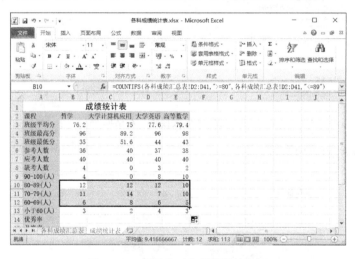

图 5-131　拖动单元格范围的填充柄

【实训 5-39】　计算"优秀率""及格率"。

1）在"成绩统计表"工作表中，单击 B14 单元格。在编辑栏中输入计算优秀率公式：

　　=COUNTIF(各科成绩汇总表!D2:D41,">=90")/COUNT(各科成绩汇总表!D2:D41)

为了快速输入上面公式，先单击 B13 单元格，选中编辑栏中的公式"=COUNTIF(各科成绩汇总表!D2:D41,"<60")"，按〈Ctrl+C〉键复制。先按〈Esc〉键，再单击 B14 单元格，单击编辑栏，按〈Ctrl+V〉粘贴，把"<60"改为">=90"；光标移动到公式尾部，输入"/"；再次按按〈Ctrl+V〉粘贴，删掉多余的"＝"号，删掉 COUNTIF 中的 IF，删掉

","<60""。当编辑栏中输入的公式正确后,按〈Enter〉键或单击编辑栏左侧的"输入"按钮
✔,如图5-132所示,则B14单元格中显示"优秀率"。

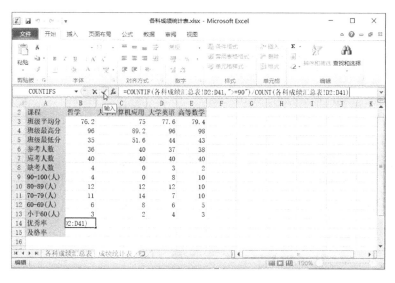

图5-132　输入公式计算"优秀率"

2)拖动B14单元格的填充柄到B15单元格。单击B15单元格,在编辑栏中修改为计算
及格率的公式,把">=90"改为">=60"。按〈Enter〉键或单击"输入"按钮 ✔。

3)选中 B14:B15 单元格,在"开始"选项卡的"数字"组中,单击"数字格式"
常规 后的级联按钮,从下拉菜单中选择"百分比",如图5-133所示。

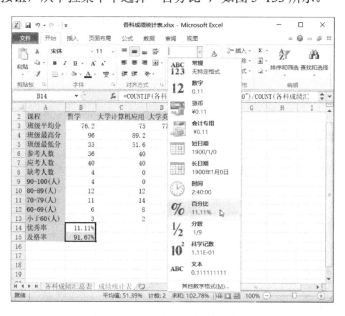

图5-133　改为百分比显示方式

4)拖动 B14:B15 单元格区域的填充柄,向右拖动到 E15,计算出其他课程的优秀率和
及格率。

计算优秀率和及格率最简单的方法是利用现有的计算结果，例如，计算优秀率，在 B14 单元格中输入"=B9/B6"（B9 为 90～100 分的人数，B6 为参考人数）；计算及格率的公式是在 B15 单元格中输入"=1-B13/B6"（B13 是不及格人数，1-不及格率=及格率）。

2. 制作成绩等级表

【实训 5-40】 新建"各科成绩等级表"。

1）单击"各科成绩汇总表"工作表标签，按下〈Ctrl〉键不松开，拖动"各科成绩汇总表"工作表标签到右端，最后松开〈Ctrl〉键。

2）把复制的"各科成绩汇总表（2）"工作表重命名为"各科成绩等级表"。

【实训 5-41】 单元格数据的删除与清除。

删除 4 门课程列中的分数，清除"总分"列，删除分数统计的单元格区域。

1）删除 4 门课程列中的分数。在新建的"各科成绩等级表"工作表中，选中成绩区域 D2:G44，按〈Delete〉键，则清除了单元格的内容，而单元格的格式仍然保留，如图 5-134 所示。

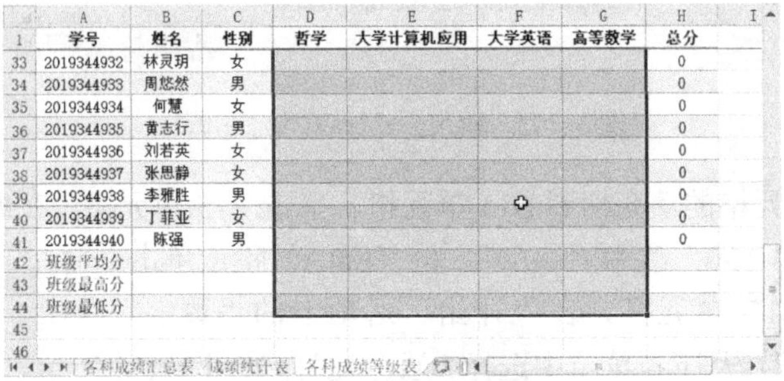

图 5-134　清除单元格的内容

2）清除"总分"列。在 H 列标头上单击，选中 H 列。在"开始"选项卡的"编辑"组中单击"清除"按钮，从下拉菜单中单击"全部清除"，如图 5-135 所示，此时 H 列中的内容和格式全部被清除。

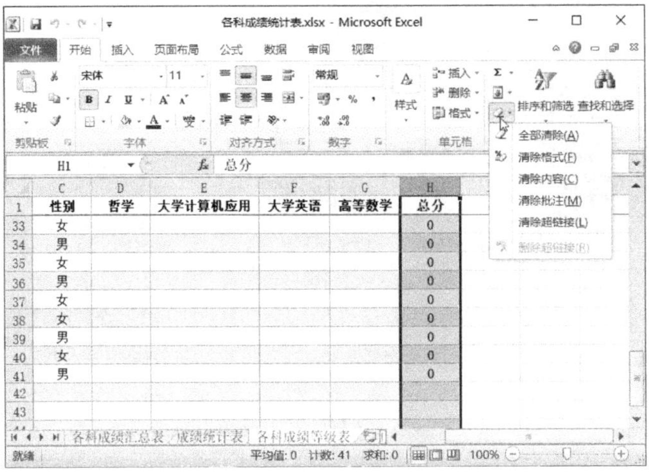

图 5-135　全部清除

3）清除 A42:G43 单元格区域。拖动鼠标选定 A42:G43 单元格区域，在"开始"选项卡的"编辑"组中单击"清除"按钮 ，从下拉菜单中单击"全部清除"，该区域的内容和格式被清除，但单元格并没有被删除，如图 5-136 所示。

图 5-136　清除单元格

4）清除 A44:G44 单元格区域的格式。选中 A44:G44 单元格区域，在"开始"选项卡的"编辑"组中单击"清除"按钮 ，从下拉菜单中单击"清除格式"，该区域的格式被清除，但单元格的内容保留。

5）删除 A42:G43 区域。拖动鼠标选定 A42:G43 单元格区域，在"开始"选项卡的"编辑"组中单击"删除单元格"按钮 删除，该区域的单元格被删除，内容由后面的单元格内容替代，如图 5-137 所示。

图 5-137　删除单元格

6）请读者删除 A42:G42 区域。

【实训 5-42】 按"大学英语"成绩给出"及格"或"不及格"。

在"各科成绩等级表"工作表中，根据"各科成绩汇总表"工作表中的"大学英语"成绩，如果分数在 60 分及以上，则在"各科成绩等级表"工作表中的对应单元格中写入"及格"，否则写入"不及格"。

1）在"各科成绩等级表"工作表中，单击目标单元格 F2。在"公式"选项卡的"函数库"组中单击"逻辑"按钮 逻辑 ，从下拉菜单中单击"IF"函数，如图 5-138 所示。

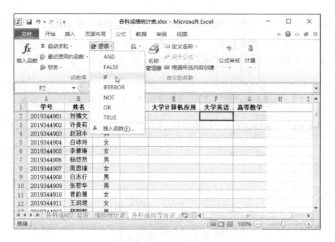

图 5-138　逻辑菜单

2）显示"函数参数"对话框，在"Logical_test"文本框中设置"各科成绩汇总表!F2>=60"，在"Value_if_true"文本框中输入"及格"，在"Value_if_false"文本框中输入"不及格"，如图 5-139 所示，单击"确定"按钮。

图 5-139　"函数参数"对话框

3）在 F2 单元格中显示"及格"，如图 5-140 所示。双击 F2 单元格的填充柄，复制 F 列公式。

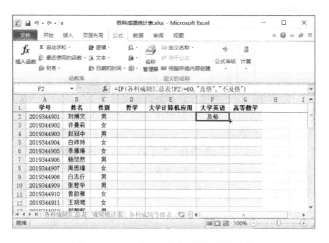

图 5-140　F2 单元格中显示"及格"

检查发现，在"各科成绩汇总表"的"大学英语"列中有"缺考"的学生，在"各科成绩等级表"中被判断为"及格"。这是因为"缺考"单元格的内部码值大于 60 造成的。显然这种成绩有 3 种情况而采用两种情况的判断方法是不正确的。

【实训 5-43】 按"大学英语"成绩给出"及格""不及格"或"缺考"。

1）在"各科成绩等级表"工作表中，单击目标单元格 F2，此时编辑栏中显示公式"=IF(各科成绩汇总表!F2>=60,"及格","不及格")"。

2）在编辑栏中，选中"="以外的内容，按〈Ctrl+X〉把选中的内容剪切到剪切板。单击"名称框"中的"IF"。

3）显示"函数参数"对话框，在"Logical_test"中设置"各科成绩汇总表!F2="缺考"",在"Value_if_true"文本框中输入""缺考""，在"Value_if_false"文本框中按〈Ctrl+V〉粘贴以实现两个 IF 函数的嵌套，如图 5-141 所示，单击"确定"按钮。

图 5-141 "函数参数"对话框

4）双击 F2 单元格的填充柄，复制公式可以看到"缺考"已经出现在 F 列，如图 5-142 所示。

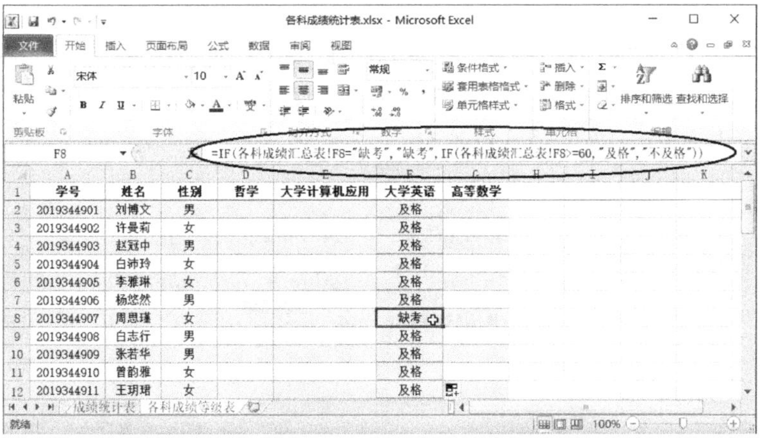

图 5-142 嵌套函数的计算结果

【实训 5-44】 根据分数转换为成绩等级。

分数与成绩等级的对应关系见表 5-1。将"各科成绩汇总表"中学生的各科成绩转换成成绩等级，把成绩等级写在"各科成绩等级表"中。

表 5-1 分数与成绩等级的对应关系表

分数		成绩等级
分数>=90	分数<=100	优
分数>=80	分数<90	良
分数>=70	分数<80	中
分数>=60	分数<70	及格
分数<60		不及格
缺考		缺考

1）在"各科成绩等级表"中，单击 D2 单元格，输入"="。单击"名称框"中的"IF"，如图 5-143 所示。

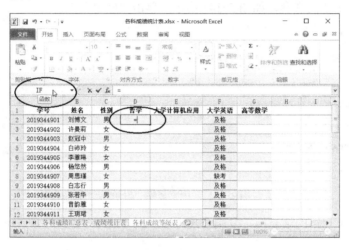

图 5-143　输入"="

2）显示"函数参数"对话框，在"Logical_test"文本框中设置"各科成绩等级表!D2<60"，在"Value_if_true"文本框中输入"不及格"。在"Value_if_false"文本框中单击，使插入点位于该框中，如图 5-144 所示。

图 5-144　"函数参数"对话框（一）

3）第 2 次单击"名称框"中的"IF"，第 2 次显示"函数参数"对话框，在"Logical_test"文本框中设置"各科成绩汇总表!D2<70"，在"Value_if_true"文本框中输入"及格"。在"Value_if_false"文本框中单击，使插入点位于该框中，如图 5-145 所示。

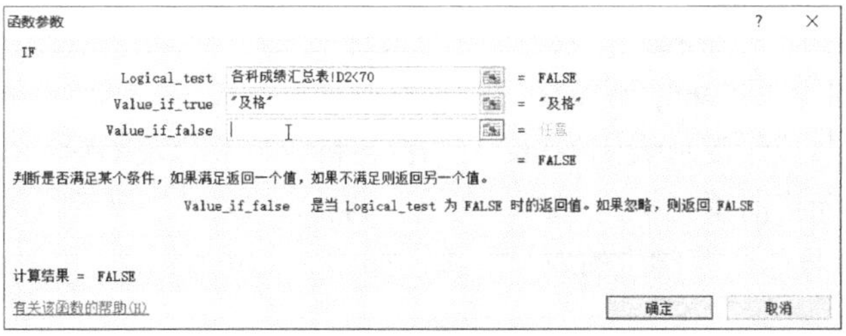

图 5-145　显示"函数参数"对话框（二）

4）第 3 次单击"名称框"中的"IF"，第 3 次显示"函数参数"对话框，在"Logical_test"文本框中设置"各科成绩汇总表!D2<80"，在"Value_if_true"文本框中输入"中"。在"Value_if_false"文本框中单击，使插入点位于该框中，如图 5-146 所示。

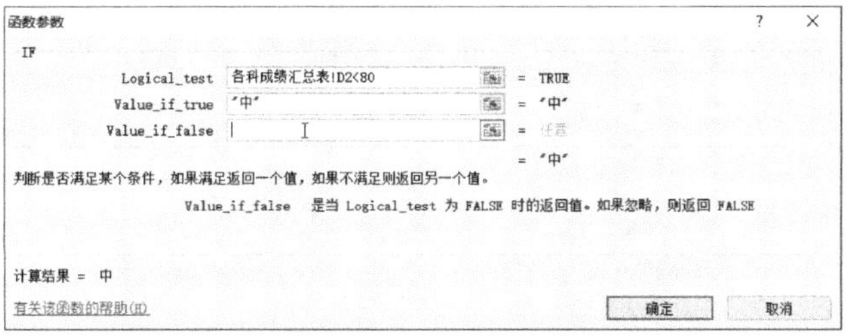

图 5-146　显示"函数参数"对话框（三）

5）第 4 次单击"名称框"中的"IF"，第 4 次显示"函数参数"对话框，在"Logical_test"文本框中设置"各科成绩汇总表!D2<90"，在"Value_if_true"文本框中输入"良"。在"Value_if_false"文本框中单击，使插入点位于该框中，如图 5-147 所示。

图 5-147　显示"函数参数"对话框（四）

6）第 5 次单击"名称框"中的"IF"，第 5 次显示"函数参数"对话框，在"Logical_test"文本框中设置"各科成绩汇总表!D2<=100"，在"Value_if_true"文本框中输入"优"。在"Value_if_false"文本框中输入"缺考"，如图 5-148 所示，单击"确定"按钮。

图 5-148　显示"函数参数"对话框（五）

从 D2 单元格的编辑栏中看到，其函数嵌套如下：

IF(各科成绩汇总表!G8<60,"不及格",IF(各科成绩汇总表!G8<70,"及格",IF(各科成绩汇总表!G8<80,"中",IF(各科成绩汇总表!G8<90,"良",IF(各科成绩汇总表!G8<=100,"优","缺考")))))

7）拖动 D2 单元格的填充柄到 G2 单元格，再拖动 D2:G2 单元格区域的填充柄到 G41 单元格，得到 4 门课程的所有学生的成绩等级，如图 5-149 所示。

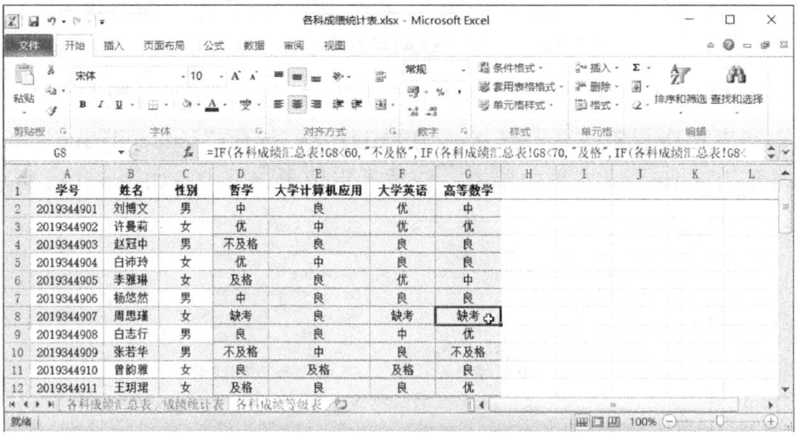

图 5-149　得到的成绩等级

8）在数据清单中单击任意单元格，在"开始"选项卡的"样式"组中，单击"套用表格格式"按钮，从下拉菜单中单击"表样式浅色 7"。显示"套用表格式"对话框，如图 5-150 所示，文本框中自动选中单元格区域，直接单击"确定"按钮。

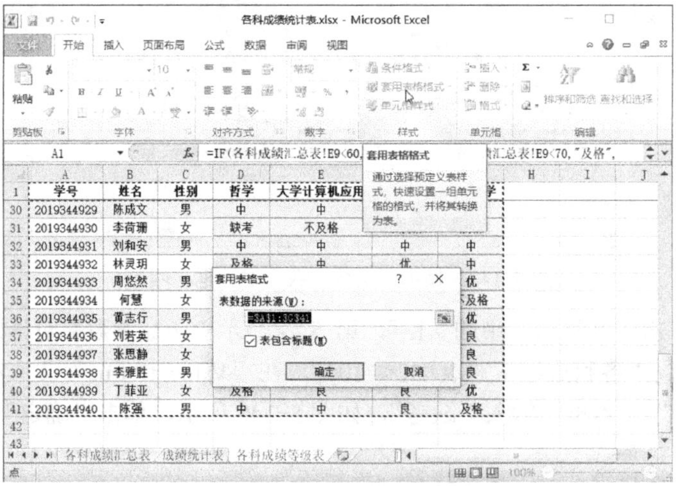

图 5-150　"套用表格式"对话框

9）在"表格工具/设计"选项卡的"工具"组中，单击"转换为区域"按钮。显示"是否将表格转换为普通区域？"对话框，如图 5-151 所示，单击"是"按钮。转换为普通区域后，工作表显示如图 5-152 所示。

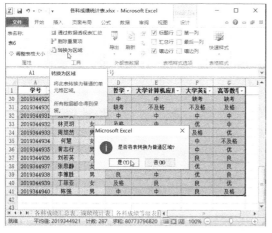

图 5-151　转换为普通区域对话框　　　　　　　图 5-152　转换为普通区域后的工作表

【实训 5-45】　按成绩等级显示不同的颜色。

利用条件格式功能可以使不同的成绩等级显示不同的颜色。

1）复制一份"各科成绩等级表"，重命名为"等级表-突出显示"。

2）在"等级表-突出显示"工作表中，选中 D2:G41 单元格区域。

3）在"开始"选项卡的"样式"组中，单击"条件样式"按钮 条件格式 ，从下拉菜单中选择"突出显示单元格规则"→"等于"选项，如图 5-153 所示。

图 5-153　"条件样式"菜单

4）显示"等于"对话框，在"为等于以下值的单元格设置格式"文本框中输入"缺考"，在"设置为"下拉列表中选择"浅红填充色深红文本"，如图 5-154 所示，单击"确定"按钮。

图 5-154　"等于"对话框

5）再次单击"条件格式"按钮 条件格式 ，从下拉菜单中单击"管理规则"，如图 5-155 所示。

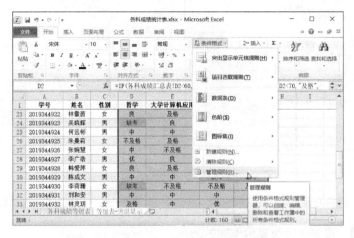

图 5-155　管理规则菜单项

6）显示"条件格式规则管理器"对话框，如图 5-156 所示，单击"新建规则"按钮。

图 5-156　"条件格式规则管理器"对话框（一）

7）显示"新建格式规则"对话框，在"选择规则类型"列表中选择"只为包含以下内容的单元格设置格式"选项；在"编辑规则说明"选项组中，设置"单元格值"为"等于"，在其右边的文本框中输入"不及格"，单击"格式"按钮，如图 5-157 所示。

图 5-157　"新建格式规则"对话框

8）显示"设置单元格格式"对话框，单击"字体"选项卡，在"颜色"下拉列表中选择"红色",在"字形"列表中选中"加粗",如图 5-158 所示。单击"填充"选项卡,在"背景色"选项组中选择"黄色",如图 5-159 所示。单击"确定"按钮。

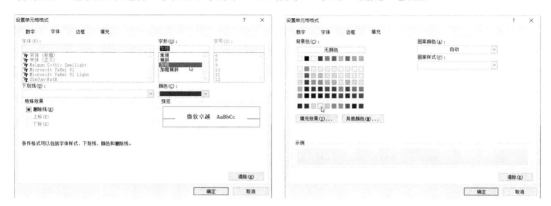

图 5-158 "字体"选项卡 　　　　　　　　图 5-159 "填充"选项卡

9）返回"新建格式规则"对话框,单击"确定"按钮。返回"条件格式规则管理器"对话框,如图 5-160 所示。单击"新建规则"按钮。

图 5-160 "条件格式规则管理器"对话框（二）

10）重复 6）～9）步骤。把成绩等级为"缺考"的单元格的字符设置为"红色、加粗",背景色为"橙色"。

11）请读者设置"优""良""中"和"及格"的条件格式,如图 5-161 所示。所有规则创建完成后,单击"确定"按钮。

图 5-161 创建的规则

单元格中条件格式的设置效果,如图 5-162 所示。

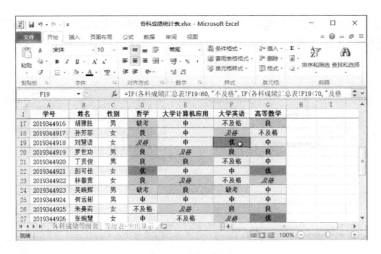

图 5-162　条件格式的效果

如果用清除规则，选择"条件格式"按钮→"清除规则"→"清除所选单元格的规则"选项。

【实训 5-46】　把"大学计算机应用"的成绩等级按"图标集"方式显示。

如果成绩>=85 分显示为对号图标，如果成绩>=60 分显示为感叹号图标，如果成绩小于 60 分显示为叉号图标。

1）在"各科成绩汇总表"工作表中，选中 E2:E41 单元格区域。

2）单击"条件格式"按钮，在下拉菜单中选择"图标集"→"标记"→"三个符号（无圆圈）"，如图 5-163 所示。

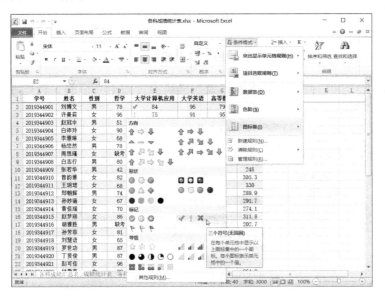

图 5-163　"标记"选项

3）选中的单元格区域并没有按要求的标记显示，如图 5-164 所示。这时需要修改规则，在"条件格式"下拉菜单中选择"管理规则"。

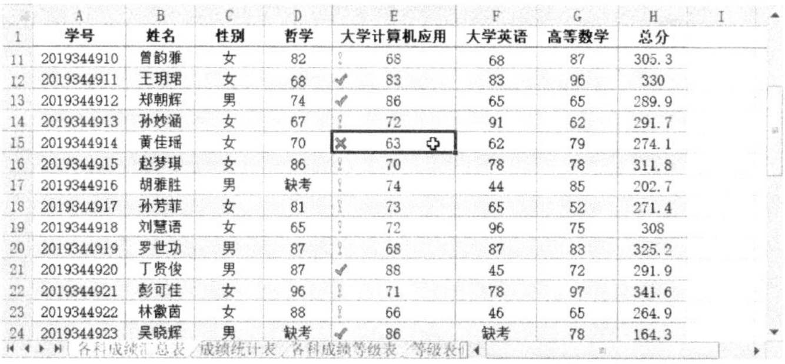

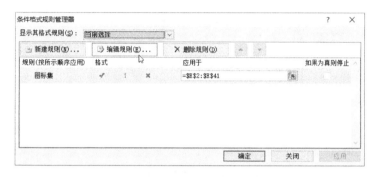

图 5-164　显示错误的标记

4）显示"条件格式规则管理器"对话框，如图 5-165 所示，单击"编辑规则"按钮。

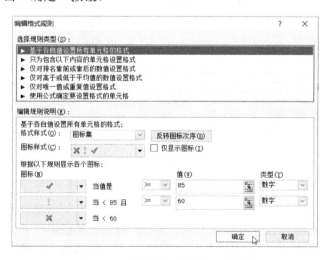

图 5-165　"条件格式规则管理器"对话框（一）

5）显示"编辑格式规则"对话框，在"根据以下规则显示各个图标"区域中，先在"类型"下拉列表中选"数字"，然后在 ✔ 后将值设置为"85"；在 ! 后将值设置为"60"，如图 5-166 所示，单击"确定"按钮。

图 5-166　"编辑格式规则"对话框

6）返回"条件格式规则管理器"对话框，如图 5-167 所示，单击"确定"按钮。

图 5-167 "条件格式规则管理器"对话框（二）

可以看到，该列中的图标已经按要求的规则表示数值，如图 5-168 所示。

	A	B	C	D	E	F	G	H	I	J
1	学号	姓名	性别	哲学	大学计算机应用	大学英语	高等数学	总分		
23	2019344922	林徽茵	女	88	66	46	65	264.9		
24	2019344923	吴晓辉	男	缺考	✓ 86	缺考	78	164.3		
25	2019344924	何远彬	男	72	77	72	71	292.4		
26	2019344925	朱曼莉	女	35	61	81	85	261.7		
27	2019344926	张婉慧	女	78	✗ 52	68	91	288.6		
28	2019344927	李广浩	男	91	✓ 89	85	90	355.2		
29	2019344928	韩爱萍	女	82	69	87	95	333.1		
30	2019344929	陈成文	男	75	78	缺考	缺考	153		
31	2019344930	李荷珊	女	缺考	✗ 54	55	69	177.6		
32	2019344931	刘和安	男	73	71	78	75	296.8		
33	2019344932	林灵玥	女	65	79	91	78	313		
34	2019344933	周愁然	男	79	66	62	90	297		
35	2019344934	何慧	女	76	✓ 88	79	43	285.6		
36	2019344935	萧志行	男	80	67	76	90	313.3		

图 5-168　条件格式的效果

请读者把"大学英语"按照"条件格式"→"图标集"→"五等级"的步骤进行设置，结果如图 5-169 所示。

	A	B	C	D	E	F	G	H	I	J
1	学号	姓名	性别	哲学	大学计算机应用	大学英语	高等数学	总分		
11	2019344910	曾韵雅	女	82	68	68	87	305.3		
12	2019344911	土坍堵	女	68	83	03	96	330		
13	2019344912	郑朝辉	男	74	✓ 86	65	65	289.9		
14	2019344913	孙妙通	女	67	72	91	62	291.7		
15	2019344914	黄佳瑶	女	70	63	62	79	274.1		
16	2019344915	赵梦琪	女	86	70	78	78	311.8		
17	2019344916	胡雅胜	男	缺考	74	44	85	202.7		
18	2019344917	孙芳菲	女	81	73	65	52	271.4		
19	2019344918	刘慧语	女	65	72	96	75	308		
20	2019344919	罗世功	男	87	68	87	83	325.2		
21	2019344920	丁贤俊	男	87	✓ 88	45	72	291.9		
22	2019344921	彭可佳	女	96	71	78	97	341.6		
23	2019344922	林徽茵	女	88	66	46	65	264.9		
24	2019344923	吴晓辉	男	缺考	✓ 86	缺考	78	164.3		

图 5-169　"五等级"格式显示效果

5.2.3　课后练习

【练习 5-2】虽然现在已经大量使用电子支付，但是在某些情况下仍然需要支付钞票。公司的财务人员在每月发放工资时，经常要到银行换取一些零钱，在换取零钱之前，需要统计一下所需各种面值零钱的张数，根据实发工资计算出支付给员工工资的最少钞票的张数（假设用工单位守信用，没有拖欠工资）。可以用 INT 函数和 MOD 函数对上述情况进行统计计算，如图 5-170 所示。

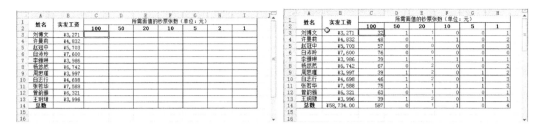

图 5-170　计算钞票张数

5.3　成绩等级表图表

5.3.1　任务要求

根据"成绩统计表"中的数据制作"成绩统计图",如图 5-171 所示。要求创建图表,先根据"成绩统计表"中各分数段的人数、缺考人数制作图表;然后修改图表的样式、数据源、图表的布局、大小和位置等,将"成绩统计表"工作表中的图表类型更改为"簇状圆柱图";切换行与列;删除图表中的"缺考人数";将图表移动到新的工作表中;对图表格式化,使图表更加美观。

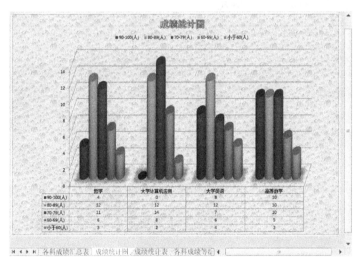

图 5-171　成绩统计图

5.3.2　操作步骤

【实训 5-47】创建图表。

根据"成绩统计表"中各分数段的人数、缺考人数制作图表。

1)在"成绩统计表"工作表中,选中数据源单元格区域 A8:E13。在"插入"选项卡的"图表组"中,单击"柱形图"按钮,在下拉菜单的"三维柱形图"选项组中单击"三维簇状柱形图",如图 5-172 所示。

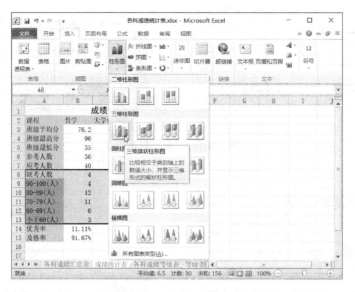

图 5-172 "柱形图"菜单

生成的图表如图 5-173 所示。插入图并且选中表后，数据源单元格区域自动出现紫色和蓝色线条，用以分隔源数据区域与其他区域。在功能区出现"图表工具"选项卡，包括 3 个子选项卡，即"设计""布局"和"格式"。

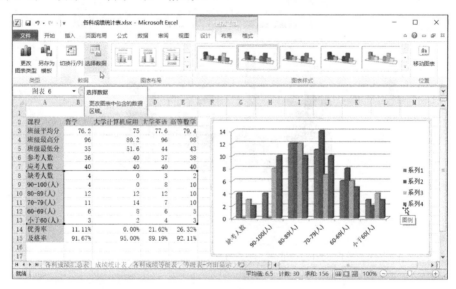

图 5-173 生成的柱形图

2）图表右侧的图例是以"系列 1""系列 2"等名称来代替列名，下面修改为列标题名。单击图表，在"图表工具/设计"选项卡中，单击"数组"中的"选择数据"按钮。

3）显示"选择数据源"对话框，如图 5-174 所示，工作表中选定区域出现一个闪动的虚线框，对话框中"图标数据区域"文本框中即为该选中的数据源区域。

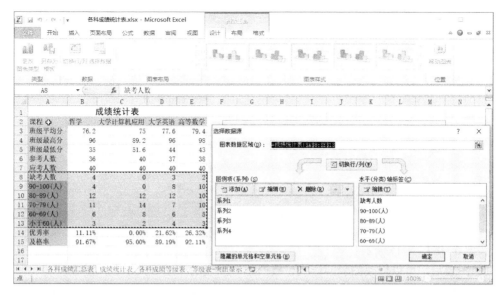

图 5-174 "选择数据源"对话框

4）不要在该对话框中单击其他对象，保持"图表数据区域"文本框中的区域为黑色反显状态。在保留选中数据源区域的基础上，按〈Ctrl〉键不松开，再选中 A2:E2 单元格区域。这时工作表中两个选中的区域都出现闪动的虚线框，选中的两个单元格区域以绝对地址的形式显示在"图表数据区域"框中，并以","分隔两个单元格区域；新增的标题区域替换了"系列 1""系列 2"等图例名称，如图 5-175 所示，单击"确定"按钮。

图 5-175 替换图例

5）修改后的图表如图 5-176 所示，在工作表中有两处蓝色框标出选定的单元格区域。

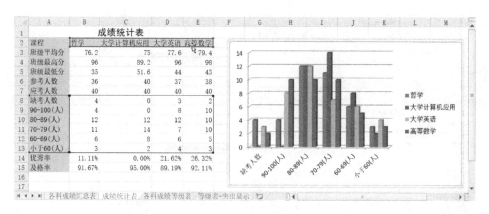

图 5-176 修改后的图表

【实训 5-48】 修改图表。

创建图表后，可以修改图表的样式、数据源、图表的布局、大小和位置等。

1）对图表操作前都要先选中图表，使图表处于激活状态，可以单击图表的边框选中图表。

2）如果要把生成的图表改成其他图表样式，在"图表工具/设计"选项卡的"图表样式"组中，单击"其他"按钮 ，展开"图表样式"列表框，单击需要的图表样式，如图 5-177 所示。

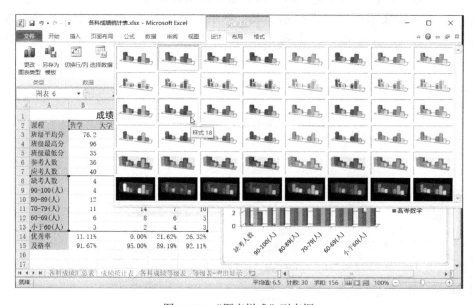

图 5-177 "图表样式"列表框

3）在"图表工具"/"布局"选项卡中，单击"标签"组中的"模拟运算表"按钮，从下拉列表中单击"显示模拟运算表和图例项标示"选项。

4）再次在"标签"组中单击"图例"按钮，在下拉菜单中单击"在顶部显示图例"选项，如图 5-178 所示。

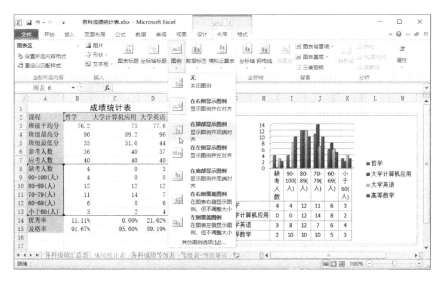

图 5-178 "图例"菜单

5）当增加图表中的项目内容后，图表中的图形、数据系列等内容会被挤压，这时可以调整图表的大小，使之完整、美观地显示。在图表处于激活状态下，把鼠标指针放置在图表边框的 8 个控制点之一上，当鼠标指针变为 ⟷、⇕、 ⤢ 或 ⤡ 后，拖动图表的边框到合适的大小。结果如图 5-179 所示。

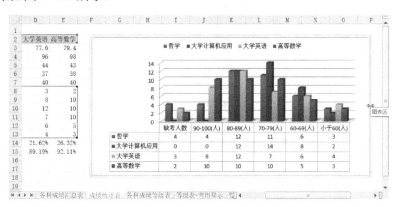

图 5-179 改变图表大小

如果要把图表移动到其他位置，把鼠标指针放置在图表边框上，当鼠标指针变为 时，拖动到其他位置。如果要移动图表中的个别对象，先单击该对象，当该对象出现 8 个控点后，将鼠标指针放置在该对象的边框上，待鼠标指针变为 时，拖动该对象到其他位置。

【实训 5-49】 更改图表类型。

将"成绩统计表"工作表中的图表类型更改为"簇状圆柱图"；切换行与列；删除图表中的"缺考人数"；将图表移动到新的工作表中。

1）在"成绩工作表"工作表中，单击图标使之处于激活状态。

2）在"图表工具/设计"选项卡中，单击"类型"组中的"更改图表类型"按钮，如图 5-180 所示。

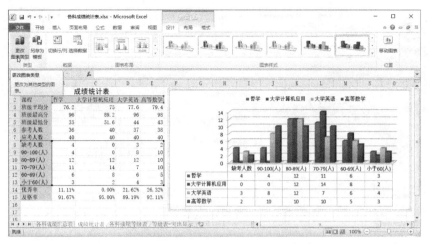

图 5-180　单击"更改图表类型"按钮

3）显示"更改图表类型"对话框，在"柱形图"选项组中选择"簇状圆柱图"，如图 5-181 所示，单击"确定"按钮。

图 5-181　"更改图表类型"对话框

4）在"数据"组中单击"选择数据"按钮，如图 5-182 所示。

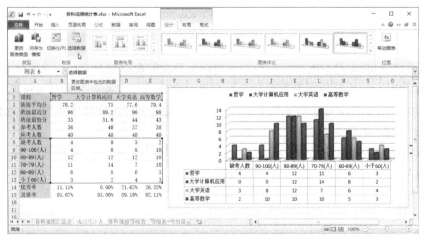

图 5-182　单击"选择数据"按钮

5）显示"选择数据源"对话框，如图 5-183 所示。单击"切换行/列"按钮，显示如图 5-184 所示。

图 5-183 "选择数据源"对话框（一）　　　　图 5-184 "选择数据源"对话框（二）

6）在"图例项（系列）"下单击选中"缺考人数"，单击"删除"按钮删除"缺考人数"图例，单击"确定"按钮。

7）显示图表如图 5-185 所示，在"图表工具/设计"选项卡的"位置"组中，单击"移动图表"按钮。

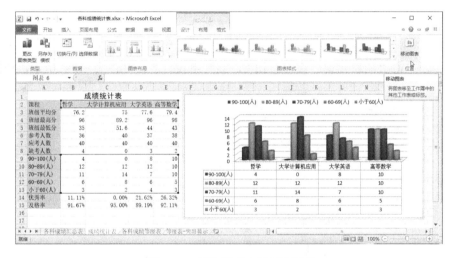

图 5-185 删除缺考人数后的图表

8）显示"移动图表"对话框，单击"新工作表"单选按钮，在其右边的文本框中输入"成绩统计图"，如图 5-186 所示，单击"确定"按钮。

图 5-186 "移动图表"对话框

图表移动到"成绩统计图"工作表中，如图 5-187 所示。

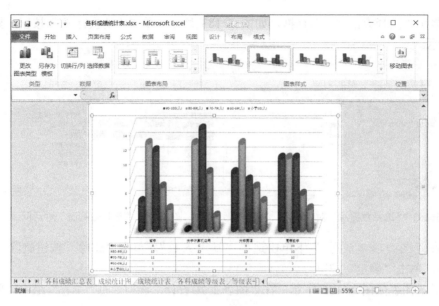

图 5-187　更改后的图表

【实训 5-50】 图表的格式化，使图表更加美观。

1）单击"成绩统计图"工作表中的图表，在"图表工具/格式"选项卡的"当前所选内容"组中，单击"图表元素"级联按钮 ▾，展开下拉列表，如图 5-188 所示，选择"图表区"。

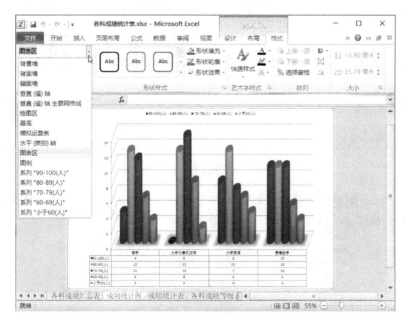

图 5-188　选择"图表元素"

2）在"形状样式"组中，单击"选择形状样式"列表框右下角的"其他"按钮 ▾，在展开的列表框中选择"细微效果-水绿色，强调颜色 5"，如图 5-189 所示。

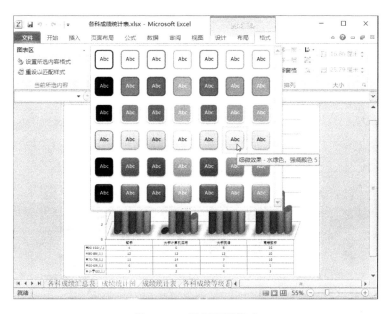

图 5-189　选择形状样式

3）在"形状样式"组中，单击"形状效果"按钮 形状效果 ▾，在下拉菜单中选择"阴影"→"内部"→"内部向右"选项，如图 5-190 所示。

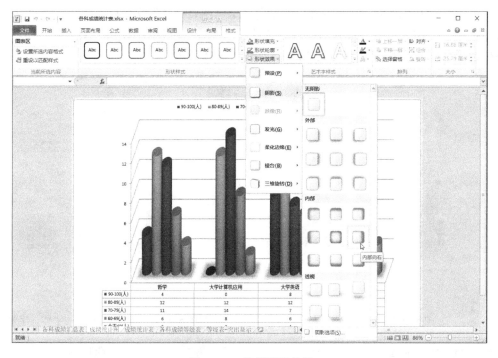

图 5-190　选择形状效果

4）在"形状样式"组中，单击"形状填充"按钮 形状填充 ▾，在下拉菜单中选择"纹理"→"水滴"选项，如图 5-191 所示。

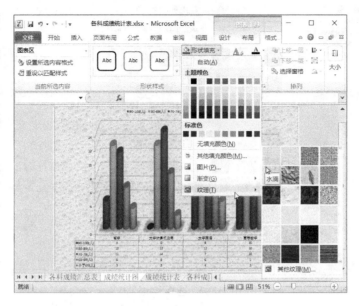

图 5-191　选择形状填充

5）在"图表工具/布局"选项卡的"标签"组中，单击"图表标题"按钮，从下拉菜单中选择"图表上方"选项，则在图表上方出现一个"图表标题"文本框，如图 5-192 所示。把文本框中的"图表标题"替换为"成绩统计图"。右击"成绩统计图"文本框，在浮动工具栏中选择字体为"黑体"、字号为"20"，如图 5-193 所示。

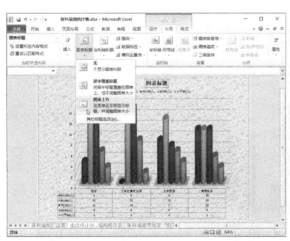

图 5-192　设置图表标题

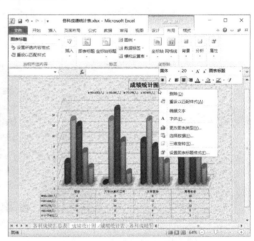

图 5-193　更改图表标题的字体、字号

6）单击图标标题"成绩统计图"文本框，在"图表工具/格式"选项卡的"艺术字样式"组中，单击"快速样式"按钮，从列表中单击一种样式，如图 5-194 所示。

7）在"艺术字样式"组中，单击"文本效果"按钮 ，从列表中单击一种文字效果，如图 5-195 所示。

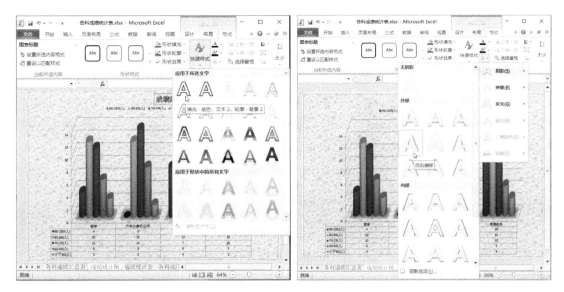

| 图 5-194　快速样式 | 图 5-195　文本效果 |

图表格式化后的效果，如图 5-196 所示。

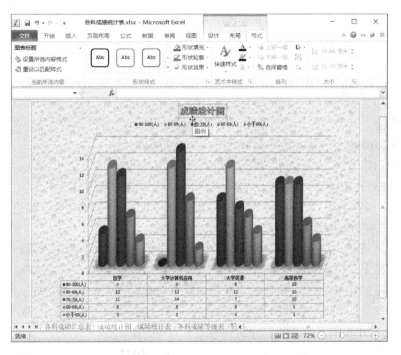

图 5-196　图表格式化后的效果

5.3.3　课后练习

【练习 5-3】　按以下要求完成练习。

1）建立图表，结果如图 5-197 所示。

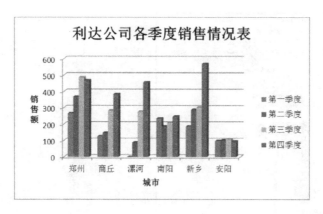

图 5-197　练习 5-2 图表

① 使用"销售情况表"工作表中的相关数据在 Sheet3 工作表中创建一个三维簇状柱形图。

② 按如图 5-197 所示为图表添加图表标题及坐标标题。

2）工作表的打印设置。

① 在"销售情况表"工作表第 8 行的上方插入分页符。

② 设置表格的标题行为顶端打印标题，打印区域为单元格区域 A1:G16，设置完成后进行打印预览。

5.4　习题与解答

一、选择题

1．Excel 2010 电子表格系统不具有（　B　）功能。

　　A．数据库管理　　　B．自动编写摘要　　　C．图表　　　　　　　D．绘图

【解析】　Excel 能够制作精美的电子表格，处理复杂的数据计算并对其进行分析和统计，可生成各式风格的图表，另外它也具有 Office 其他组件的基本功能，如绘图、查找和替换等操作。但没有自动编写摘要的功能。

2．当启动 Excel 2010 后，系统将自动打开一个名为（　C　）的工作簿。

　　A．文档 1　　　　　B．Sheet1　　　　　C．Book1　　　　　D．EXCEL1

3．在 Excel 2010 中，一个新建的工作簿中默认包含有（　C　）工作表。

　　A．1 个　　　　　　B．10 个　　　　　　C．3 个　　　　　　D．5 个

4．在 Excel 2010 中工作表能包含的列数最多为（　B　）。

　　A．255　　　　　　B．256　　　　　　　C．1024　　　　　　D．16384

5．在 Excel 工作表中，若要同时选择多个不相邻的单元格区域，可以在选择第一个区域后，在按住（　D　）键的同时拖动鼠标，依次选择其他区域。

　　A．〈Tab〉　　　　　B．〈Alt〉　　　　　C．〈Shift〉　　　　　D．〈Ctrl〉

6．名为"工资"的工作表的 A4 单元格的地址应表示为（　D　）。

　　A．工资\A4　　　　B．工资/A4　　　　　C．A4!工资　　　　　D．工资!A4

7．下列（　C　）不是 Excel 的数据输入类型。

A．文本　　　　　B．数字　　　　　C．公式输入　　　　D．日期、时间

8．函数 AVERAGE（参数 1,参数 2,……）的功能是（　C　）。

A．求各参数的总和　　　　　　　　B．求各参数中的最大值

C．求各参数的平均值　　　　　　　D．求各参数中具有数值类型数据的个数

9．在 Excel 单元格中，输入（　B　）表达式是错误的。

A．=SUM（$A2:A$3)　　　　　　　B．=A2;A3

C．=SUM（Sheet2!A1)　　　　　　　D．=10

10．若在 Excel 的 A2 单元中输入"=8^2"，则显示结果为（　B　）。

A．16　　　　　B．64　　　　　C．=8^2　　　　　D．10

11．在 Excel 的单元格中，输入身份证号"420302191100231519"时，应输入（　D　）。

A．420302191100231519　　　　　　B．"420302191100231519"

C．420302191100231519'　　　　　　D．'420302191100231519

12．在 Excel 工作表中输入日期时，不符合日期格式的数据是（　D　）。

A．99-10-01　　　　B．01-OCT-99　　　　C．1999/10/01　　　　D．"10/01/99"

13．向 C2 单元格中输入了如图 5-198 所示的公式，则按下〈Enter〉后 C2 单元格中将显示（　D　）。

图 5-198　在单元格中输入的数据

A．#REF!　　　　B．#NAME?　　　　C．#N/A　　　　D．#DIV/0!

14．在对一个 Excel 工作表排序时，下列表述中错误的是（　C　）。

A．可以按指定的关键字递增排序　　　B．可以指定多个关键字排序

C．只能指定一个关键字排序　　　　　D．可以按指定的关键字递减排序

15．Excel 的筛选功能包括（　B　）和高级筛选。

A．直接筛选　　　B．自动筛选　　　C．简单筛选　　　D．间接筛选

16．使用自动筛选时，若首先执行"数学>70"，再执行"总分>350"，则筛选结果是（　B　）。

A．所有数学>70 的记录　　　　　　　B．所有数学>70 并且总分>350 的记录

C．所有总分>350 的记录　　　　　　D．所有数学>70 或者总分>350 的记录

二、操作题

1．Excel 常用计算方法练习。

具体要求如下：

① 按图 5-199 所示，在 Excel 中创建一个用于统计学生成绩的表格。

② 使用自动求和和函数 SUM 计算"总分"一列的数据。

③ 使用算数平均值计算函数"AVERAGE"计算"平均分"一列的数据，保留 1 位小数。

曙光学校学生成绩登记表

序号	姓名	数学	语文	英语	总分	平均分	综合分	名次
1	李大海	78	85	75				
2	王高山	45	68	85				
3	何南	67	69	68				
4	刘军	82	93	67				
5	王梦	96	37	71				
6	赵云飞	67	83	34				
7	席红旗	53	81	78				
8	程树	75	43	54				
9	司琴	80	70	90				
10	吉利	70	84	95				

图 5-199　学生成绩登记表

④ 使用公式计算"综合分"一列的数据，并保留 1 位小数。设计算方法为

数学×40%＋英语×38%＋语文×22%

⑤ 利用 Excel 的排序功能填写"名次"一列的数据。要求"名次"由"总分"的高低决定，"总分"相同时由"数学"分数决定。注意，不得打乱原有"序号"的排列（提示："名次"可首先按"总分"和"数学"排序，填充名次，再按"序号"排序恢复为原样）。

2．Excel 工作表格式设置及图表制作练习。设已在 Excel 工作表中输入了如图 5-200 所示的数据。要求按图 5-201 所示设置工作表的格式并制作图表。

图 5-200　原始数据　　　　　　　　　　图 5-201　设置工作表格式

具体要求如下：

① 设置工作表行、列：在标题下插入一行；将"东方广场"一行移到"人民商场"一行之前；在"名称"一列之前插入"序号"一列。

② 设置单元格格式：标题格式：字体：黑体；字号：20，跨列居中；单元格底纹：浅绿色；图案：6.25%灰色；字体颜色：深蓝；表格中的数据单元格区域设置为会计专用格式，应用货币符号，右对齐；其他各单元格内容居中。

③ 设置表格边框线：按样表所示为表格设置相应的边框线格式。"表栏名"行与"东方广场"行之间，"平价超市"行和"总计"行之间，"名称"列与"服装"列之间为双线，外框为粗实线，其他为细实线。

④ 添加批注：为"东方广场"单元格添加批注"合资企业"。

⑤ 重命名工作表：将 Sheet1 工作表重命名为"销售计划"。

⑥ 复制工作表：将"销售计划"表复制到 Sheet2 中。

⑦ 设置打印标题：设置纸张方向为"横向"，在 Sheet2 表的"序号 3"一行之前插入分页线；设置标题及表头行为打印标题。

⑧ 建立图表：按图 5-202 所示的图表样式，使用"服装""电器"和"化妆品"三列数据创建一个簇状圆柱图。

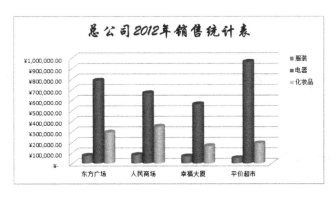

图 5-202　设计完成的图表样式

第6章 PowerPoint 演示文稿软件实训

6.1 制作毕业论文答辩演示文稿

6.1.1 任务要求

毕业论文答辩演示文稿包括封面、目录、引言、正文、结论和致谢等内容。演示文稿文字内容已经录入到文件，图片也已经做好。幻灯片大小为全屏显示 16：9，应用内置主题样式。使用"超链接"实现目录与正文之间的跳转，插入"图片""图表""表格""SmartArt 图形"和"艺术字"等多种元素丰富幻灯片的内容。设置文本、SmartArt 等元素的动画效果与幻灯片切换效果。制作完成的效果，如图 6-1 所示。

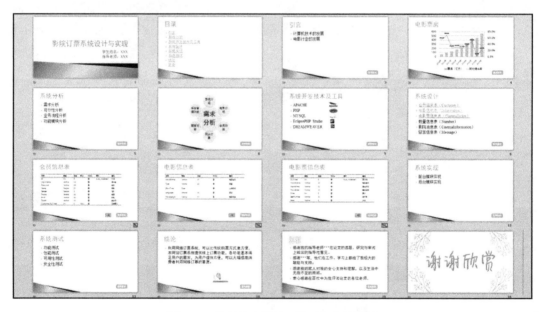

图 6-1 "毕业论文答辩"演示文稿效果图

6.1.2 操作步骤

【实训 6-1】 新建"毕业论文答辩"演示文稿。

1）启动 PowerPoint，新建空白演示文稿。在"文件"选项卡下，单击"另存为"，选择文件保存路径，将文档命名为"毕业论文答辩.pptx"进行保存。

2）在"设计"选项卡的"页面设置"组中，单击"页面设置"，显示"页面设置"对话框。在"幻灯片大小"下拉列表中选择"全屏显示（16：9）"，如图 6-2 所示。单击"确定"按钮。

说明:

幻灯片大小包括"标准(4:3)"和"宽屏(16:9)"两种,还可以根据实际需要进行自定义设置。在"设计"选项卡的"页面设置"组中,单击"页面设置",显示"页面设置"对话框,如图 6-3 所示。可以设置幻灯片的宽度和高度,也可以修改幻灯片、备注、讲义和大纲的方向。

图6-2 "幻灯片大小"下拉列表

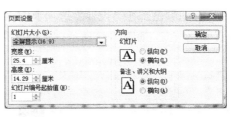

图6-3 "页面设置"对话框

【实训 6-2】 从 Word 大纲新建幻灯片。

1)利用毕业论文 Word 版大纲,快速创建演示文稿。在"开始"选项卡的"幻灯片"组中,单击"新建幻灯片"级联按钮▼,在下拉列表中选择"幻灯片(从大纲)",如图 6-4 所示。

2)显示"插入大纲"对话框,在"素材"文件夹中选择"毕业论文大纲.docx",单击"插入"按钮。Word 文档中的内容会自动插入到演示文稿中。

3)毕业论文大纲.docx 中"标题 1"格式的文字作为幻灯片的标题,"标题 2"格式的文字作为幻灯片的第一级文本,依次类推,如图 6-5 所示。在幻灯片左侧大纲浏览视图中显示所有大纲内容,便于查看和修改文字内容。

图6-4 "新建幻灯片"下拉列表

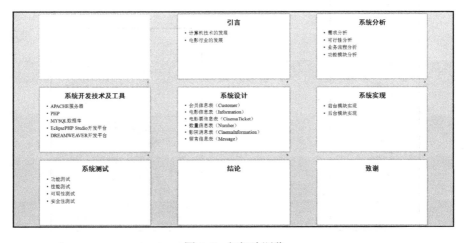

图6-5 幻灯片浏览

【**实训 6-3**】 演示文稿设计主题。

通过主题可以设置幻灯片的整体风格，PowerPoint 中内置了多种主题样式，可以根据内容的需要进行选择。

1）在"设计"选项卡的"主题"组中，单击 按钮，显示所有主题样式，根据演示文稿的内容选择适合的主题，本实训选择"聚合"主题，如图 6-6 所示。

2）更换主题颜色。在"设计"选项卡的"主题"组中，单击"颜色"，在下拉列表中显示所有内置颜色方案，如图 6-7 所示，选择"穿越"颜色方案。

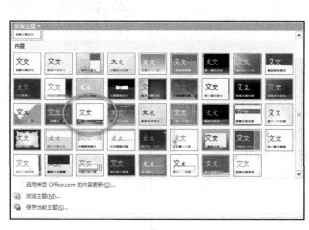

图 6-6　内置主题

图 6-7　颜色方案

说明：

1）内置主题可以根据需要修改颜色方案，还可以修改字体样式和主题效果。在"设计"选项卡的"主题"组中，单击"字体"，显示"字体样式"下拉列表，如图 6-8 所示。主题中包含多种内置字体，可以根据需要进行修改。

在"设计"选项卡的"主题"组中，单击"效果"，在"效果"下拉列表中，可以选择合适的主题效果，如图 6-9 所示。

图 6-8　"字体"下拉列表

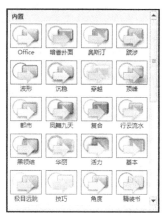

图 6-9　"效果"下拉列表

2）在"主题"组中，直接单击某一主题样式，会将此主题样式应用于全部幻灯片。如果想将主题样式应用于某一页幻灯片，选中该幻灯片，右击所选主题，在弹出的快捷菜单中选择"应用于选定幻灯片"。

3）演示文稿可以直接应用内置主题样式，还可以应用外部主题样式。在"设计"选项卡的"主题"组中，单击▽按钮，显示"主题"下拉列表。选择"浏览主题"，打开"选择主题或主题文档"对话框，"文件类型"选择"所有文件"，如图 6-10 所示。再选择主题文档或者 PowerPoint 文件，就可以将外部主题样式应用到幻灯片中。

图 6-10 "文件类型"下拉列表

4）常用的外部主题样式，可以保存到自定义主题中。自定义样式可以直接应用，而不用再次导入。在"设计"选项卡的"主题"组中，单击▽按钮，显示"主题"下拉列表。选择"保存当前主题"，打开"保存当前主题"对话框，如图 6-11 所示。单击"确定"按钮，就可以将主题保存到"自定义"主题中，如图 6-12 所示。

图 6-11 "保存当前主题"对话框

图 6-12 "自定义"主题

【实训 6-4】 补充演示文稿文字内容。

1）选择第 1 张幻灯片，添加标题"影院订票系统设计与实现"，添加副标题"学生姓名：XXX"和"指导老师：XXX"，如图 6-13 所示。

2）在第 1 张幻灯片后插入幻灯片，制作"目录"。在左侧幻灯片浏览窗格中单击第 1 张幻灯片，在"开始"选项卡的"幻灯片"组中，单击"新建幻灯片"级联按钮▼，在下拉列表中选择"标题和内容"版式，如图 6-14 所示，插入新的幻灯片。主题中包含"标题幻灯片""标题和内容""空白"和"标题和文本"等多种幻灯片版式，可以根据布局需要，从中进行选择。

图 6-13　幻灯片首页　　　　　　　　　　　　　图 6-14　"标题和内容"版式

3）输入标题"目录"，在文本中输入"引言""系统分析""系统开发技术及工具""系统设计""系统实现""系统测试""结论"和"致谢"，如图 6-15 所示。

4）在幻灯片浏览窗格中单击第 9 张"结论"幻灯片，在文本区域中输入素材中"结论"文字内容，如图 6-16 所示。

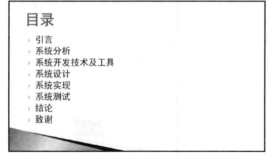

图 6-15　"目录"幻灯片　　　　　　　　　　　　图 6-16　"结论"幻灯片

5）将素材中"致谢"文字内容复制到第 10 张"致谢"幻灯片的文本区域中，如图 6-17 所示。

图 6-17　"致谢"幻灯片

【实训 6-5】 目录页插入超链接。

1）对目录页的文字设置超链接，可以快速定位到指定的幻灯片。选中目录页中的文字"引言"，在"插入"选项卡的"链接"组中，单击"超链接"，显示"编辑超链接"对话框，如图 6-18 所示。

图 6-18 "编辑超链接"对话框

2）选择链接到"本文档中的位置"，如图 6-19 所示，在"选择文档中的位置"列表中选择幻灯片"3. 引言"，如图 6-20 所示。幻灯片预览中会显示选择的幻灯片。单击"确定"按钮，插入超链接。设置完成后，文字会变成其他颜色并增加下划线，如图 6-21 所示。

3）按照上一步的方法为目录中的其他文字插入超链接。

图 6-19 链接　　　　图 6-20 "请选择文档中的位置"列表　　　图 6-21 插入超链接

说明：

1）插入超链接后，在幻灯片普通视图下无法实现快速定位。在幻灯片放映过程中，单击超链接文字，才可以快速定位到指定的幻灯片。

2）超链接可以链接到指定幻灯片，还可以链接到指定的网站或者打开指定的文件，提高效率并使播放效果更加流畅。

【实训 6-6】 修改版式-插入"返回目录"按钮。

通过目录页的超链接可以快速定位到指定的标题页，接下来为幻灯片添加返回目录页的超链接，通过"返回目录"超链接可以快速返回到目录页，提高演示时的演示效果。如果在幻灯片页面中插入"返回目录"超链接，需要在所有页面插入一次，因此可以利用幻灯片母版的功能。在母版中插入的内容，会在所有幻灯片中显示。

1）在"视图"选项卡的"母版视图"组中，单击"幻灯片母版"，进入幻灯片母版编辑页面，在左侧浏览区域中包含各种版式的幻灯片母版。在母版中添加或修改的内容会应用到所有使用此版式的幻灯页面中。

2）在浏览区域中选择最后一个版式，版式名为"标题和文本"，如图 6-22 所示。

3）在"插入"选项卡的"插图"组中，单击"形状"，在形状下拉列表中选择"圆角矩形"，如图 6-23 所示。

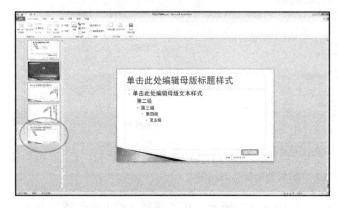

图 6-22 "标题和文本"版式

图 6-23 "圆角矩形"形状

4）光标会变成十字形状，在幻灯片页面右下方绘制一个"圆角矩形"。在矩形内输入文字"返回目录"，如图 6-24 所示。

5）选中圆角矩形，在"插入"选项卡的"链接"组中，单击"超链接"，显示"插入超链接"对话框，选择链接到"本文档中的位置"中的"目录"页，单击"确定"按钮。插入超链接后，在幻灯片放映过程中，单击圆角矩形就可以返回到目录页。

6）在"幻灯片母版"选项卡的"关闭"组中，单击"关闭母版视图"，返回到普通视图。所有应用"标题和文本"版式的幻灯片都插入了"返回目录"按钮，如图 6-25 所示。

图 6-24 "返回目录"按钮

图 6-25 修改版式效果

说明：

1）如果需要将添加的内容应用到所有版式的幻灯片中，在幻灯片母版视图下，可以在第一张母版版式上进行操作，添加的内容会应用到所有版式中。

2）在母版中插入的形状，在普通视图下无法删除或修改。如果需要修改，需要切换到幻灯片母版视图下，从母版中进行删除或修改。

【实训 6-7】 插入图表。

1）在左侧幻灯片浏览窗格中单击第 3 张"引言"幻灯片，在"开始"选项卡的"幻灯片"组中，单击"新建幻灯片"级联按钮 ▾，在下拉列表中选择"标题和文本"版式，插入新的幻灯片。

2）添加标题文字"电影票房"，接下来要在空白区域插入"电影票房图"，因此可以将文本框删除。

3）在"插入"选项卡的"插图"组中，单击"图表"。显示"插入图表"对话框，选择"柱形图"中的"堆积柱形图"，如图 6-26 所示，单击"确定"按钮。

图 6-26 "插入图表"对话框

4）打开图表 Excel 文档，将素材中"电影票房图.xlsx"中的数据复制到图表 Excel 文档中，如图 6-27 所示。

5）按照图表 Excel 文档中的提示，调整数据区域的大小，将鼠标移动到蓝线区域的右下角，光标将变成↖形状，然后进行拖拽，使蓝线区域与数据区域相同，然后将"系列 3"列的内容删除，如图 6-28 所示。关闭图表 Excel 文档，电影票房图成功插入到幻灯片页面中。

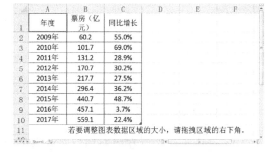

图 6-27 复制数据　　　　　　　　图 6-28 拖拽数据区域

6）接下来修改图表的样式。选中图表，在"设计"选项卡的"图表布局"组中，选择"布局 3"样式。如图 6-29 所示。单击"年度"区域，在"开始"选项卡的"字体"组中，设置字体大小为 14 号。

7）图表中包含"票房"和"同比增长率"两组数据，设置"票房"为柱状图显示，"同比增长率"为折线图显示。因为"同比增长率"数值较小，所以在图中显示为一条红线。选中同比增长率的红线区域，如图 6-30 所示，然后右击，在弹出的快捷菜单中选择"设置数据系列格式"。

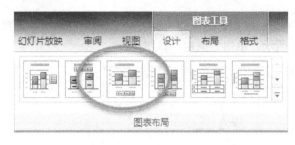

图 6-29　图表布局

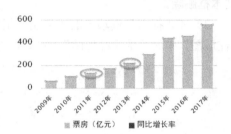

图 6-30　选中"同比增长率"

8）显示"设置数据系列格式"对话框，在"系列选项"选项卡的"系列绘制在"选项组中单击"次坐标轴"单选按钮，如图 6-31 所示，单击"关闭"按钮。

9）在"设计"选项卡的"类型"组中，单击"更改图标类型"，在 "更改图表类型"对话框中选择"折线图"，如图 6-32 所示，单击"确定"按钮。将"同比增长率"数据用"折线图"显示。

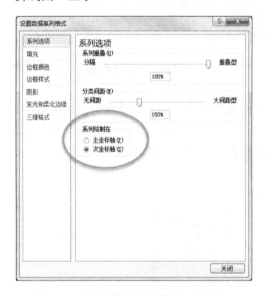

图 6-31　"设置数据系列格式"对话框

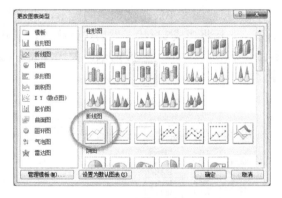

图 6-32　更改为"折线图"

10）选中折线图，在"布局"选项卡的"标签"组中，单击"数据标签"，在下拉列表中选择"上方"，如图 6-33 所示。选中数据标签，设置字体大小为 8 号，加粗。

11）在"标签"组中，单击"图表标题"，在下拉列表中选择"无"，不显示图表标题。适当调整图表的大小和位置，如图 6-34 所示。

图 6-33　数据标签

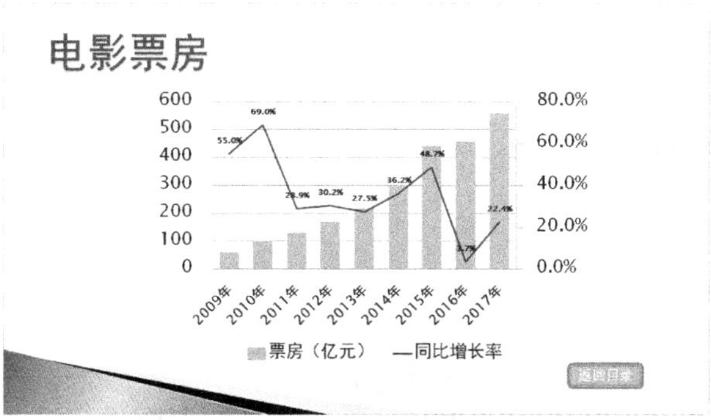

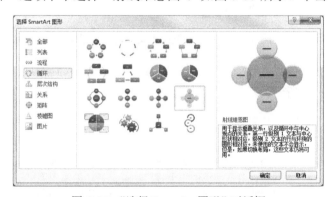

图 6-34　电影票房效果图

【实训 6-8】　插入 SmartArt 图形。

1）在第 5 张"系统分析"幻灯片后，新建"标题和文本"版式幻灯片。

2）在"插入"选项卡的"插图"组中，单击"SmartArt"，显示"选择 SmartArt 图形"对话框。在"循环"选项卡中选择"射线维恩图"，如图 6-35 所示。单击"确定"按钮。

图 6-35　"选择 SmartArt 图形"对话框

3）左侧是输入文字区域，右侧是图形区域。在左侧第一行级别 1 文本中输入文本"需求分析"，在级别 2 文本列表中分别输入"影院介绍""电影介绍""会员功能""网上订票""留言功能""后台管理功能"，如图 6-36 所示。

图 6-36　SmartArt 图形

【实训 6-9】 插入图片。

1）选择第 7 张"系统开发技术及工具"幻灯片。在"插入"选项卡的"图像"组中，单击"图片"。显示"插入图片"对话框，选择图片"apache.jpg"，单击"打开"按钮，将图片插入到幻灯片页面中。按照此方法，将其他 4 张图片"php.jpg""mysql.jpg""EclipsePHP Studio.jpg""dreamweaver.jpg"插入到幻灯片页面中，调整图片大小和位置，如图 6-37 所示。

图 6-37 "系统开发技术及工具"幻灯片

2）选择第 11 张"结论"幻灯片，将图片"结论.gif"插入到幻灯片页面中。调整图片大小和位置，如图 6-38 所示。

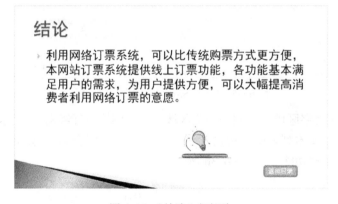

图 6-38 "结论"幻灯片

说明：

"结论.gif"为动态图片，在普通视图下显示为一张普通图片。在幻灯片放映过程中，可以展示动态效果。

【实训 6-10】 插入表格。

1）在第 8 张"系统设计"幻灯片后，新建"标题和文本"版式幻灯片。输入标题文字"会员信息表"，将内容文本框删除。

2）插入表格，将"毕业论文表格.docx"中的"会员信息表"复制到幻灯片页面中，适当调整表格的大小和位置，如图 6-39 所示。

3）接下来将表格设置为"三线表"样式。三线表形式简洁、功能分明、阅读方便，在论文中推荐使用。选中表格，在"开始"选项卡的"字体"组中，将表格内文字设置为"微软雅黑"，12 号字，黑色，不加粗。

4）在"设计"选项卡的"表格样式"组中，单击"底纹"，在下拉列表中选择"无填充颜色"，如图 6-40 所示。

图 6-39 会员信息表

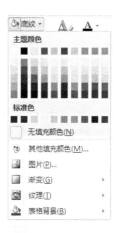

图 6-40 "底纹"下拉列表

5）在"设计"选项卡的"绘图边框"组中，选择线条为"2.25 磅"，如图 6-41 所示。

6）在"表格样式"组中，单击"边框"，如图 6-42 所示。在下拉列表中先选择"上边框"，再选择"下边框"，为整个表格设置上下边框线。

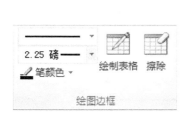

图 6-41 设置边框线

图 6-42 "边框"下拉列表

7）选中表格第一行"标题行"，添加下边框线。设置表头文字格式为"加粗"。整体效果如图 6-43 所示。

会员信息表

字段	类型	长度	默认	NULL	额外	备注
ID	Int	5		否	Auto_increment	ID号
LoginName	Varchar	10		否		用户名
Password	Varchar	10		否		密码
Name	Varchar	10		否		姓名
Gender	Varchar	2		否		性别
Phone	Varchar	11		否		电话
Email	Varchar	20		否		邮箱
IDcard	Varchar	18		否		身份证
Customer_ID_Ticket	Int	5	NULL	是		已定票ID

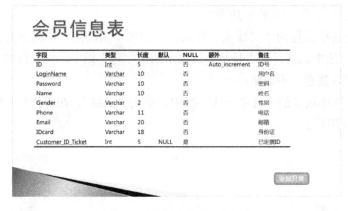

图 6-43 “会员信息表”幻灯片

8）按照步骤 1）～7）的方法，将“毕业论文表格.docx”中的“电影信息表”和“电影票信息表”分别插入到页面中，并设置为“三线表”样式，整体效果如图 6-44、图 6-45 所示。

电影信息表

字段	类型	长度	NULL	备注
MovieName	Varchar	20	否	电影名称
Type	Varchar	20	否	类型
ShowTime	Date		否	上映时间
Language	Varchar	10	否	语言
MovieLength	Varchar	10	否	电影长度

图 6-44 “电影信息表”幻灯片

电影票信息表

字段	类型	长度	NULL	额外	备注
ID_Ticket	Int	5	否	Auto_increment	票ID号
MovieName	Varchar	20	否		电影名称
MovieTime	Varchar	10	否		播出时间
MovieDate	Varchar	10	否		播出日期
Price	Int	5	否		票价
SeatNumber	Varchar	10	否		座位号
State	Varchar	2	否		状态

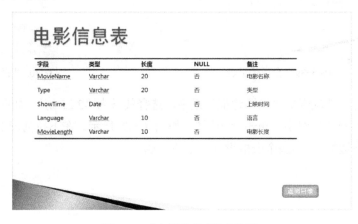

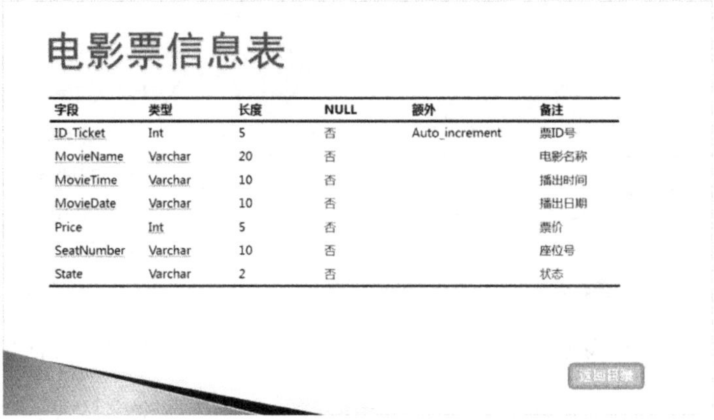

图 6-45 “电影票信息表”幻灯片

【实训6-11】 隐藏幻灯片。

1）在"系统设计"幻灯片插入超链接，通过单击文字"会员信息表（Customer）""电影信息表（Information）"和"电影票信息表（CinemaTicket）"可以直接跳转到对应的幻灯片页面。

2）在幻灯片浏览窗格中，按住〈Ctrl〉键，连续选中"会员信息表""电影信息表"和"电影票信息表"三张幻灯片。在"幻灯片放映"选项卡的"设置"组中，单击"隐藏幻灯片"，如图6-46所示。

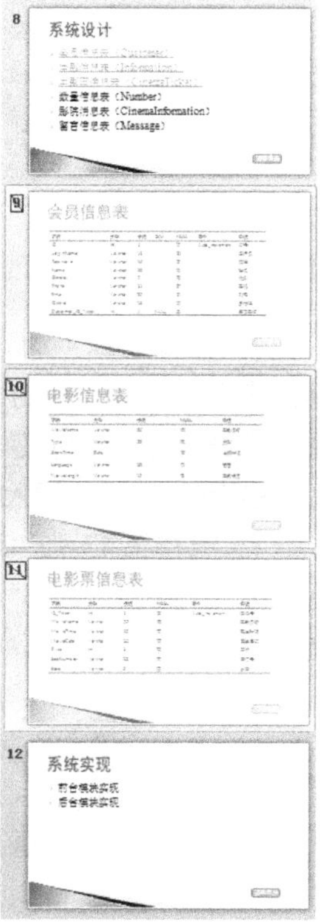

说明：

1）幻灯片放映过程中，被隐藏的幻灯片会被自动跳过，不会播放。例如图6-46所示第9、10、11三张幻灯片被隐藏，放映过程中，播放完第8张幻灯片后，会播放第12张幻灯片。

2）幻灯片放映过程中，通过超链接，可以跳转到隐藏的幻灯片中。因此，隐藏幻灯片可以调整播放的顺序。

3）如果需要取消隐藏，选中被隐藏的幻灯片，在"幻灯片放映"选项卡的"设置"组中，再次单击"隐藏幻灯片"，可以取消隐藏设置。

【实训6-12】 插入动作按钮。

1）选择第9张"会员信息表"幻灯片，在"插入"选项卡的"插图"组中，单击"形状"，在下拉列表中选择"动作按钮：后退或前一项"，如图6-47所示。

2）在页面右下角绘制动作按钮，会自动显示"动作设置"对话框，如图6-48所示。

图6-46　隐藏幻灯片

图6-47　动作按钮

图6-48　"动作设置"对话框

在"超链接到"下拉列表中选择"上一张幻灯片"，如图6-49所示。显示"超链接到幻灯片"对话框，在"幻灯片标题"列表框中选择"8.系统设计"，如图6-50所示。单击"确定"按钮，插入"返回"动作按钮。通过动作按钮可以从隐藏的幻灯片跳转回原幻灯片页面。

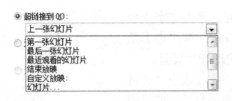

图 6-49 "超链接到"下拉列表

图 6-50 "幻灯片标题"列表框

3）按照上一步的方法，在"电影信息表"和"电影票信息表"幻灯片相应的位置插入"返回"动作按钮，超链接到"系统设计"幻灯片。

【实训 6-13】 插入艺术字。

1）选择第 15 张"致谢"幻灯片，将标题"致谢"设置为艺术字格式。选中"致谢"，在"格式"选项卡的"艺术字样式"组中，单击 按钮，从下拉列表中选择艺术字样式，如图 6-51 所示。

2）在"艺术字样式"组中，单击"文本效果"，在下拉列表中选择"映像"→"半映像，接触"，如图 6-52 所示，为艺术字添加映像效果。

3）在"艺术字样式"组中，单击"文本效果"，在下拉列表中选择"发光"→"绿色，8pt"，如图 6-53 所示，为艺术字添加发光效果。

图 6-51 艺术字样式

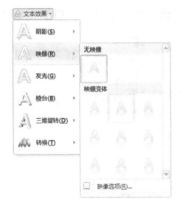

图 6-52 映像效果

图 6-53 发光效果

【实训 6-14】 插入背景。

1）在第 15 张"致谢"幻灯片后，新建"空白"版式幻灯片。

2）在"设计"选项卡的"背景"组中，单击"背景样式"，在下拉列表中选择"设置背景格式"，如图 6-54 所示。

3）显示"设置背景格式"对话框，在"填充"选项卡中选择"图片或纹理填充"单选按钮，再单击"文件"按钮，如图 6-55 所示。

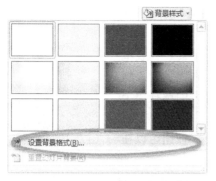

图 6-54 "背景格式"下拉框

图 6-55 "设置背景格式"对话框

4）显示"插入图片"对话框，在素材文件夹下选择"谢谢欣赏.jpg"，如图 6-56 所示，单击"插入"按钮。返回"设置背景格式"对话框，单击"关闭"按钮。

5）幻灯片背景设置为图片"谢谢欣赏.jpg"，但是左下角包含版式中的绿色图案，在"设计"选项卡的"背景"组中，选择"隐藏背景图形"复选框，如图 6-57 所示。

图 6-56 "插入图片"对话框

图 6-57 "隐藏背景图形"复选框

【实训 6-15】 设置动画效果。

1）选择第 1 张"封面"幻灯片，设置幻灯片播放过程中的动画效果。选中标题文字"影院订票系统设计与实现"，在"动画"选项卡的"动画"组中，单击 按钮，显示"动画效果"列表框，如图 6-58 所示。选择"进入"选项组中的"劈裂"效果。

图 6-58 "动画效果"列表框

185

2）选中文字"学生姓名：XXX"，在"动画效果"列表框中，选择"进入"选项组中的"飞入"效果。

3）选中文字"指导老师：XXX"，在"动画效果"列表框中，同样选择"进入"选项组中的"飞入"效果。在"计时"组中，单击"开始：单击时"级联按钮，在下拉列表中选择"上一动画之后"，如图6-59所示。

图6-59 "开始"下拉列表

4）设置完成后，在"动画"选项卡下，单击 按钮可以在普通视图下预览动画播放效果。

5）按照上述方法，为其他幻灯片中的内容添加动画效果，动画效果任选。

6）设置幻灯片切换时的动画效果。在"切换"选项卡的"切换到此幻灯片"组中，单击，显示"切换效果"列表框，如图6-60所示。选择"淡出"效果，然后在"计时"组中，将持续时间修改为"00.50"秒，单击"全部应用"，如图6-61所示，将此切换效果应用到所有幻灯片中。

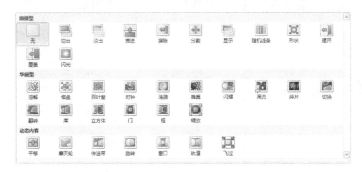

图6-60 "切换效果"列表框

图6-61 "计时"组

说明：

1）设置完播放效果之后，会在幻灯片页面中对应的内容左边显示"1、2、3……"，代表内容的播放顺序，如图6-62所示。

2）在"动画"选项卡的"高级动画"组中，单击"动画窗格"，会在幻灯片右侧显示"动画窗格"，可以查看对应内容的播放顺序，如图6-63所示。

图6-62 顺序号

图6-63 "动画窗格"任务窗格

3）如果需要调整内容的播放顺序，可以选中要调整顺序的内容，在"动画"选项卡的"计时"组中，单击"向前移动"或"向后移动"按钮，如图6-64所示。将播放顺序提前或者延后。也可以在动画窗格中，选中要移动动画效果，然后再用鼠标拖拽的方式来调整顺序。

4）如果同一段内容，需要设置两个以上的动画效果，在插入第二个动画的时候，需要在"动画选项卡"的"高级动画"组中，单击"添加动画"，然后从"动画效果"列表框中选择第二个动画效果，如果直接在"动画"组中进行选择，如图 6-65 所示，会修改第一个动画效果，而不是添加新的动画。

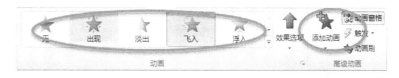

图 6-64　动画顺序　　　　　　　　　　　　　图 6-65　添加动画

5）在"动画效果"列表框中，包含了部分"进入""强调""退出"动画效果。以"进入"效果为例，如图 6-66 所示，单击"更多进入效果"，显示"更多进入效果"对话框，如图 6-67 所示。此对话框中包含了 PowerPoint 文档中可以使用的全部进入效果，在实际使用过程中，可以根据需要进行选择。

图 6-66　更多效果　　　　　　　　　　　　图 6-67　"更多进入效果"对话框

【实训 6-16】　设置 SmartArt 动画效果。

1）选择第 6 张"需求分析"幻灯片。

2）选中 SmartArt 图形，在"动画"选项卡的"动画"组中，选择"飞入"效果。

3）"飞入"动画默认效果为从幻灯片底部飞入到页面中，在"动画"组中，单击"效果选项"，在下拉列表中可以设置飞入的方向，如图 6-68 所示。选择"自左侧"，图形将从左侧飞入到页面中。

4）添加飞入动画后，SmartArt 图形默认会作为一个整体对象，进入到幻灯片页面中。在"动画"组中，单击"效果选项"，在下拉列表的"序列"选项组中，如图 6-69 所示。如果选择"逐个"，SmartArt 图形会分成 7 个圆形逐个飞入到页面中。

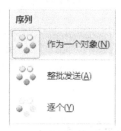

图 6-68 "效果选项"下拉列表   图 6-69 序列

说明：

SmartArt 图形设置为"逐个"播放后，在动画窗格中，单击对应图形右边的 ▼ 按钮，可以修改图形播放开始的时间，包括"单击开始""上一项开始"和"从上一项之后开始"，如图 6-70 所示。但是不能修改图形播放的顺序，如图 6-71 所示，"1、2……7"顺序号无法修改。

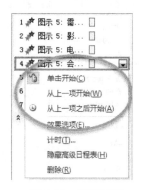

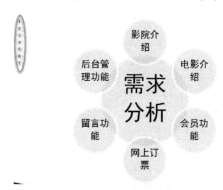

图 6-70 开始时间   图 6-71 播放顺序号

6.1.3 课后练习

【练习】 制作"公司简介"演示文稿，制作完成后的效果如图 6-72 所示。

图 6-72 效果图

1）新建演示文稿

2）幻灯片页面设置为"全屏 16：9"。

3）从 Word 大纲"公司简介大纲.docx"新建幻灯片。

4）设计主题"精简书"样式。

5）目录页插入超链接。

6）修改版式，在页面右下角插入"返回目录"按钮。

7）插入图片，在"企业文化"幻灯片右上方插入图片"服务.jpg"。

8）在"公司组织架构"幻灯片，插入 SmartArt 图形，选择层次结构中"组织结构图"，制作公司组织架构图。

9）在"公司各部门功能介绍"幻灯片，插入 SmartArt 图形，样式任选。

10）插入艺术字，在文档最后新建幻灯片，插入"谢谢欣赏"艺术字，样式任选。

11）设置动画效果，为幻灯片中的内容添加动画效果，动画效果根据内容自行选择。

6.2　习题与解答

一、选择题

1．PowerPoint 中，下列说法中错误的是（　C　）。

    A．可以动态显示文本和对象　　　　　B．可以更改动画对象的出现顺序

    C．图表中的元素不可以设置动画效果　　D．可以设置幻灯片切换效果

2．PowerPoint 中，下列有关"嵌入"的说法中错误的是（　D　）。

    A．嵌入的对象不链接源文件

    B．如果更新源文件，嵌入到幻灯片中的对象并不改变

    C．用户可以双击一个嵌入对象来打开对象对应的应用程序，以便于编辑和更新对象

    D．对嵌入编辑完毕后，要返回到演示文稿中时，需重新启动 PowerPoint

3．在（　C　）视图中，可以精确设置幻灯片的格式。

    A．备注页视图　　　　B．浏览视图　　　C．幻灯片视图　　　D．黑白视图

4．为了使所有幻灯片具有一致的外观，可以使用母版。用户可进入的母版视图有"幻灯片母版"和（　D　）。

    A．备注母版　　　　　B．讲义母版　　　C．普通母版　　　　D．A 和 B 都对

5．在（　A　）视图中，用户可以看到画面变成上下两半，上面是幻灯片，下面是文本框，可以记录演讲者讲演时所需的一些提示重点。

    A．备注页视图　　　　B．浏览视图　　　C．幻灯片视图　　　D．黑白视图

二、操作题

1．新建一个演示文稿文件，按下列要求完成对此文稿的修饰并保存。

① 在首页幻灯片的标题区中输入"中国的 DXF100 地效飞机"，字体设置为红色、黑体、加粗、54 磅，带有阴影效果。

② 副标题区中输入"演讲人：张三"，字体设置为蓝色、楷体、44 磅，应用阴影效果。为演示文稿应用"波形"主题。

③ 插入一张版式为"标题和两栏内容"的新幻灯片，作为第二张幻灯片。

④ 输入第二张幻灯片的标题内容：DXF100 主要技术参数

⑤ 输入第二张幻灯片的右侧文本的两行内容：可载乘客 15 人；装有两台 300 马力航空发动机。文本字体为仿宋、32 磅。

⑥ 在第二张幻灯片左侧插入任意一幅剪贴画，适当调整剪贴画的大小及位置。

⑦ 设置所有幻灯片的切换效果为"溶解"。

⑧ 第一张幻灯片中的副标题文字动画设置为"自左下部飞入"，开始方式设置为"上一动画之后"。

2．在幻灯片中使用"形状"和"快速样式"制作出如图 6-73 所示的效果。

提示：

① 标题"沟通的技巧"为一文本框，通过"开始"选项卡的"快速样式"设置其效果。

② 下面各行首显示的小标签可以通过对形状的操作来实现（泪滴形状+圆形，再使用"形状组合"工具，最后使用"快速样式"）。

③ 需要注意的是，"形状组合"工具并未出现在默认的功能选项卡区中，需要在选项卡空白处右击，在弹出的快捷菜单中选择"自定义功能区"，在显示出来的对话框中选择"从下列位置选择命令"，并将"形状组合"工具添加到新的自定义选项卡，或某个现有选项卡中。

3．使用形状、文本框、SmartArt 图形和动画设计出如图 6-74 所示的幻灯片效果。

图 6-73　操作题 2 的设计效果　　　　图 6-74　操作题 3 的设计效果

提示：

① 幻灯片标题部分使用了 1 个形状和 2 个文本框。

② 目录部分使用了 1 个"交替六边形"的 SmartArt 图形，并向默认的图形中添加了一些形状。

③ 设置了 SmartArt 图形的配色方案，设置了部分形状的填充图片或文字。

④ 为 SmartArt 图形所有形状应用了阴影效果。

⑤ 要求 SmartArt 的动画效果使用"逐个"连续发送方式（注意，不需要单击）。

第7章　计算机网络与 Internet 应用基础实训

7.1　接入因特网的方式

【实训 7-1】　接入局域网。

将计算机通过局域网接入 Internet。单位购置了一台 PC，要对 PC 做相关的配置，使之能通过单位局域网访问 Internet。Windows 7 操作系统已经安装好，网卡驱动程序已经安装完成，RJ45 双绞线已经插好并联入局域网。网络中心分配的配置内容如下：

IP 地址：192.168.12.7

子网掩码：255.255.255.0

默认网关：192.168.12.1

首选 DNS 服务器：202.96.64.68

备用 DNS 服务器：202.96.69.38

计算机名称：TEA-00

接入局域网的设置方法如下。

1）在桌面任务栏右端的通知区域，单击"网络"图标 ⤷ 或 ⤷，如图 7-1 所示，单击"打开网络和共享中心"。也可以在"控制面板"窗口的小图标视图中，单击"网络和共享中心"。

图 7-1　在通知区域单击"网络"图标

2）显示"网络和共享中心"窗口，如图 7-2 所示。在"网络和共享中心"窗口中可以看到当前计算机与网络的连接情况。在左侧的窗格中，单击"更改适配器设置"。也可在右侧窗格中，单击"本地连接"。

3）显示"网络连接"窗口。右击"本地连接"，打开"本地连接"的快捷菜单，如图 7-3 所示。从快捷菜单中选择"属性"选项。

4）打开"本地连接 属性"对话框，如图 7-4 所示。在"此连接使用下列项目"选项组中，单击"Internet 协议版本 4(TCP/IPv4)"，再单击右下方的"属性"按钮。

图 7-2 "网络和共享中心"窗口   图 7-3 "网络连接"窗口

5）打开"Internet 协议版本 4(TCP/IPv4) 属性"对话框，"常规"选项卡中的项目包括 IP 地址、子网掩码、默认网关和 DNS 服务器等项目，这些项目中的具体数字和选项，由网络用户的服务商或网络中心的网络管理人员提供，如图 7-5 所示。如果是"自动获得 IP 地址"，则不用填写。

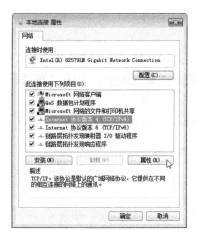
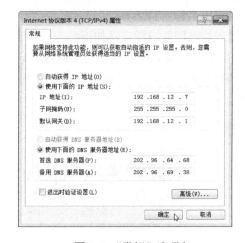

图 7-4 "本地连接 属性"对话框   图 3-5 "常规"选项卡

依次单击"确定"按钮关闭对话框。回到图 7-2 所示的"网络和共享中心"窗口，在窗口中可以看到网络已经连接到 Internet，完成网络设置。

【实训 7-2】 接入无线局域网。

无线网络的设置很简单，在 Windows 任务栏右端单击无线网络图标，打开无线网络列表，如图 7-6a 所示；单击要连接的名称（图中是 jing），显示如图 7-6b 所示，单击"连接"按钮。显示"连接到网络"对话框，如图 7-7 所示，在"安全密钥"文本框中输入密码。单击"确定"按钮，稍等，将连接到网络，任务栏右端的无线网络图标显示为。如果在如图 7-6 所示中单击"打开网络和共享中心"，在如图 7-2 所示的"网络和共享中心"窗口中可以看到已经连接到网络。

192

a)	b)	
图 7-6　无线网络列表		图 7-7　"常规"选项卡

7.2　习题与解答

一、选择题

1．计算机网络从资源共享的角度定义比较符合目前计算机网络的基本特征，主要表现在（　D　）。

Ⅰ．计算机网络建网的目的就是实现计算机网络资源的共享

Ⅱ．联网计算机是分布在不同地理位置的多台计算机系统，之间没有明确的主从关系

Ⅲ．联网计算机必须遵循全网统一的网络协议

　　A．Ⅰ和Ⅱ　　　　　B．Ⅰ和Ⅲ　　　　　C．Ⅱ和Ⅲ　　　　　D．全部

2．将发送端数字脉冲信号转换成模拟信号的过程称为（　B　）。

　　A．链路传输　　　　B．调制　　　　　　C．解调　　　　　　D．数字信道传输

【解析】　本题考核的是数据通信的知识。在发送端将数字脉冲信号转换成能在模拟信道上传输的模拟信号的过程称为调制。在接收端再将模拟信号转换成数字脉冲信号的过程称为解调。

3．下列指标中，属于数据通信系统的主要技术指标之一的是（　A　）。

　　A．误码率　　　　　B．重码率　　　　　C．分辨率　　　　　D．频率

【解析】　数据通信系统的技术指标主要从数据传输的质量和数量来体现。质量指信息传输的可靠性，一般用误码率来衡量。而数量指标包括两方面：一是信道的传输能力，用信道容量来衡量；二是信道上传输信息的速度，相应的指标是数据传输速率。

4．在计算机网络中，英文缩写 WAN 的中文名是（　C　）。

　　A．局域网　　　　　B．无线网　　　　　C．广域网　　　　　D．城域网

【解析】　局域网的英文缩写 LAN，广域网的英文缩写 WAN，城域网的英文缩写 MAN。

5．Internet 实现了分布在世界各地的各类网络的互联，其最基础和核心的协议是（　B　）。

　　A．HTTP　　　　　B．TCP/IP　　　　　C．HTML　　　　　D．FTP

6．实现局域网与广域网互联的主要设备是（　D　）。

　　A．交换机　　　　　B．集线器　　　　　C．网桥　　　　　　D．路由器

【解析】 网桥是连接两个或多个局域网的；路由器是连接局域网和广域网的；中继器是连接网络线路的一种装置，常用于两个网络节点之间物理信号的双向转发工作；防火墙是软件，不是设备，防止非法攻击者进入。在 Internet 中主要采用局域网—广域网—局域网的互联形式。由于各局域网的网络层可能使用不同的网络协议，而路由器可以实现网络层及以上各层协议之间的转换，从而可以在不同的网络之间存储和转发分组。

7. 在 Internet 中完成从域名到 IP 地址或者从 IP 地址到域名转换的是（ A ）。

    A．DNS   B．FTP   C．WWW   D．ADSL

【解析】 在 Internet 上域名与 IP 地址之间是一一对应的，域名虽然便于人们记忆，但计算机之间只能互相认识 IP 地址，它们之间的转换工作称为域名解析。域名解析需要由专门的域名解析服务器来完成，DNS 就是进行域名解析的服务器。

8. 当个人计算机以拨号方式接入 Internet 网时，必须使用的设备是（ B ）。

    A．网卡   B．调制解调器（Modem）

    C．电话机   D．浏览器软件

9. 调制解调器（Modem）的作用是（ C ）。

    A．将数字脉冲信号转换成模拟信号   B．将模拟信号转换成数字脉冲信号

    C．将数字脉冲信号与模拟信号互相转换   D．为了上网与打电话两不误

【解析】 调制解调器的功能包括两个方面：调制就是将来自网上的数字信号经过调制的过程，将数字信号转换成模拟信号，以模拟的方式传输；解调是将模拟信号进行解调，转换成数字信号后传送到计算机中。所以调制解调器的主要功能是提供模拟信号与数字信号的转换。

10. TCP 的主要功能是（ B ）。

    A．对数据进行分组   B．确保数据的可靠传输

    C．确定数据传输路径   D．提高数据传输速度

【解析】 TCP 的主要功能是完成对数据报的确认、流量控制和网络拥塞；自动检测数据报，并提供错误重发的功能；将多条路径传送的数据报按照原来的顺序进行排列，并对重复数据进行择取；控制超时重发，自动调整超时值；提供自动恢复丢失数据的功能。

11. 以下说法中，正确的是（ C ）。

    A．域名服务器（DNS）中存放 Internet 主机的 IP 地址

    B．域名服务器（DNS）中存放 Internet 主机的域名

    C．域名服务器（DNS）中存放 Internet 主机域名与 IP 地址的对照表

    D．域名服务器（DNS）中存放 Internet 主机的电子邮箱的地址

【解析】 域名服务器 DNS 把 TCP/IP 主机名称映射为 IP 地址。

12. 下列关于电子邮件的叙述中，正确的是（ D ）。

    A．如果收件人的计算机没有打开时，发件人发来的电子邮件将丢失

    B．如果收件人的计算机没有打开时，发件人发来的电子邮件将退回

    C．如果收件人的计算机没有打开时，当收件人的计算机打开时再重发

    D．发件人发来的电子邮件保存在收件人的电子邮箱中，收件人可随时接收

13. 假设 ISP 提供的邮件服务器为 bj163.com，用户名为 liufang 的正确电子邮件地址是（ D ）。

A. liu fang@bj163.com   B. liufang_bj163.com

C. liufang#bj163.com   D. liufang@bj163.com

14. 下列关于电子邮件的说法，正确的是（　C　）。

A. 收件人必须有 E-mail 地址，发件人可以没有 E-mail 地址

B. 发件人必须有 E-mail 地址，收件人可以没有 E-mail 地址

C. 发件人和收件人都必须有 E-mail 地址

D. 发件人必须知道收件人住址的邮政编码

15. 以下关于电子邮件的说法，不正确的是（　C　）。

A. 电子邮件的英文简称是 E-mail

B. 加入因特网的每个用户通过申请都可以得到一个"电子邮箱"

C. 在一台计算机上申请的"电子邮箱"，以后只有通过这台计算机上网才能收信

D. 一个人可以申请多个电子信箱

16. 下列关于因特网上收/发电子邮件优点的描述中，错误的是（　D　）。

A. 不受时间和地域的限制，只要能接入因特网，就能收发电子邮件

B. 方便、快捷

C. 费用低廉

D. 收件人必须在原电子邮箱申请地接收电子邮件

17. 用户在 ISP 注册拨号入网后，其电子邮箱建在（　C　）。

A. 用户的计算机上   B. 发件人的计算机上

C. ISP 的邮件服务器上   D. 收件人的计算机上

18. 英文缩写 ISP 指的是（　C　）。

A. 电子邮局   B. 电信局

C. Internet 服务商   D. 供他人浏览的网页

19. 下列的英文缩写和中文名字的对照中，正确的是（　A　）。

A. WAN（广域网）   B. ISP（因特网服务程序）

C. USB（不间断电源）   D. RAM（只读存储器）

20. Internet 提供的最常用、便捷的通信服务是（　C　）。

A. 文件传输（FTP）   B. 远程登录（Telnet）

C. 电子邮件（E-mail）   D. 万维网（WWW）

【解析】 电子邮件（E-mail）是一种用电子手段提供信息交换的通信方式，是 Internet 应用最广的服务。

21. 用"综合业务数字网"（又称"一线通"）接入因特网的优点是上网通话两不误，它的英文缩写是（　B　）。

A. ADSL   B. ISDN   C. ISP   D. TCP

【解析】 在用户—网络接口（UNI）间建立数字连接，可提供多种电信业务的综合业务网，英文的全称为 integrated service digital network。

22. IE 浏览器收藏夹的作用是（　A　）。

A. 收集感兴趣的页面地址   B. 记忆感兴趣的页面内容

C. 收集感兴趣的文件内容   D. 收集感兴趣的文件名

【解析】 IE 浏览器收藏夹的作用是保存网页地址。

二、操作题

1．打开搜狐新闻中的任意一条新闻，把网页保存到 C:盘根文件夹下。用"Windows 资源管理器"查看保存在 C:盘根文件夹下的网页文件，包括子文件夹中的图片文件。然后用"Windows 资源管理器"打开该网页文件。

2．在 IE 收藏夹中，分别建立"新闻网址""购物网址"和"交友网址"等文件夹，向文件夹中分别收藏相关的网址。

3．打开一个网页，把网页中的图片保存到 C:盘根文件夹下。

4．打开一个网页，把网页内容粘贴到 Word 文档中。分别采用〈Ctrl+V〉法和只保留文字法，看看二者的区别。

5．申请免费邮箱，然后给老师发一封问好邮件。